Christian Blatter

Wavelets – Eine Einführung

Advanced Lectures
in Mathematics

Editorial board:
Prof. Dr. Martin Aigner, Freie Universität Berlin, Germany
Prof. Dr. Gerd Fischer, Heinrich-Heine-Universität Düsseldorf, Germany
Prof. Dr. Michael Grüter, Universität des Saarlandes, Saarbrücken, Germany
Prof. Dr. Manfred Knebusch, Universität Regensburg, Germany
Prof. Dr. Rudolf Scharlau, Universität Dortmund, Germany
Prof. Dr. Gisbert Wüstholz, ETH Zürich, Switzerland

Christian Blatter
Wavelets – Eine Einführung

Thomas Friedrich
Dirac-Operatoren in der Riemannschen Geometrie

Martin Fuchs
Topics in the Calculus of Variations

Wolfgang Ebeling
Lattices and Codes

Jesús M. Ruiz
The Basic Theory of Power Series

Christian Blatter

Wavelets – Eine Einführung

Prof. Dr. Christian Blatter
Departement Mathematik
ETH Zentrum
CH-8092 Zürich

Die Deutsche Bibliothek – CIP-Einheitsaufnahme

Blatter, Christian:
Wavelets – Eine Einführung / Christian Blatter. –
Braunschweig; Wiesbaden: Vieweg, 1998
  (Advanced Lectures in Mathematics)
  ISBN 3-528-06947-3

Mathematics Subject Classification:
41-01, 44-01

All rights reserved
© Friedr. Vieweg & Sohn Verlagsgesellschaft mbH, Braunschweig/Wiesbaden, 1998

Vieweg is a subsidiary company of Bertelsmann Professional Information.

No part of this publication may be reproduced, stored in a retrieval system or transmitted, mechanical, photocopying or otherwise, without prior permission of the copyright holder.

http://www.vieweg.de

Cover design: Klaus Birk, Wiesbaden
Printing and binding: Media-Print, Paderborn
Printed on acid-free paper
Printed in Germany

ISSN 0932-7134
ISBN 3-528-06947-3

Vorwort

Dieses Buch ist weder die „große Retrospektive" eines Protagonisten noch eine enzyklopädische Forschungsmonographie, sondern die Annäherung eines mathematischen Normalverbrauchers an ein Thema, das wie kein anderes seit der Erfindung der Schnellen Fourier-Transformation die Approximationstheorie stimuliert und die Anwender beflügelt hat. Ich hatte eigentlich nur im Sinn, für Studenten der ETH Zürich eine einsemestrige Vorlesung zusammenzustellen, die sie *ab ovo* in die Welt der Wavelets einführen sollte (einen derartigen Kurs hatte es hier noch nicht gegeben). Dank der Zusprache von Kollegen ist nun aus dieser Vorlesung das vorliegende Buch geworden.

Mein Zielpublikum hatte ich mir so vorgestellt: MathematikstudentInnen mit der üblichen Grundausbildung, mit einem Rucksack voller Konvergenzsätze, aber ohne praktische Erfahrung, sagen wir, mit Fourier-Analysis. Im stillen hatte ich mir auch Zuhörer aus der Ingenieurswelt gewünscht; erst im Nachhinein habe ich erfahren, daß gerade letztere aus dem Kurs den größten Gewinn gezogen hatten.

Inhaltlich habe ich mir folgendes vorgenommen: Im ersten Kapitel gibt es einen Tour d'horizon über verschiedene Weisen der Signaldarstellung, und schon hier tritt zum ersten Mal das Haar-Wavelet auf den Plan. Das zweite Kapitel bringt ein Repetitorium der Fourier-Analysis (ohne Beweise), ergänzt durch zwei Theoreme, die „letztgültige" Grenzen der Signaltheorie abstecken: die Heisenbergsche Unschärferelation und das Abtast-Theorem von Shannon. In Kapitel 3 beginnt es dann richtig mit der kontinuierlichen Wavelet-Transformation, und Kapitel 4: „Frames" beschreibt einen allgemeinen Rahmen (was sonst ...), in dem sowohl die kontinuierliche wie die diskrete Wavelet-Transformation begriffen werden können. Damit kommen wir endlich zur Hauptsache: der Multiskalen-Analyse mit ihren schnellen Algorithmen in Kapitel 5, und zur Konstruktion von orthonormierten Wavelets mit kompaktem Träger in Kapitel 6. Auch Spline-Wavelets werden kurz noch behandelt.

Was bei dem gegebenen Umfang fehlt, sind Biorthogonalsysteme, mehrdimensionale Wavelets und eine ins Einzelne gehende Behandlung von Anwendungen. Ferner sollte es ohne Einsatz von Distributionen abgehen. Es gibt also keine Sobolev-Räume und damit auch keine Diskussion der punktweisen Konvergenz usw. von Wavelet-Approximationen, und das Paley-Wiener-Theorem steht ebenfalls nicht zur Verfügung. Glücklicherweise läßt sich auch mit Hilfe eines elementaren Arguments beweisen, daß die Daubechies-Wavelets kompakten Träger besitzen.

Beim Aufarbeiten des Stoffes habe ich mich großzügig bei anderen Autoren bedient, in erster Linie natürlich bei den unvergleichlichen „Ten lectures on wavelets" von Ingrid Daubechies [D], in geringerem Maß bei [L], dem einzigen anderen mir bekannten Wavelet-Buch in deutscher Sprache, und im „Friendly guide to wavelets" von Kaiser [K]. Für weitere Quellen der Inspiration verweise ich auf das Literaturverzeichnis. Ich habe dieses Verzeichnis bewußt sehr knapp gehalten und darauf verzichtet, die sehr umfangreichen, aber nicht bis 1997 nachgeführten Literaturangaben in [D] oder [L] einfach nachzudrucken.

Noch ein Wort zu den Figuren: Die meisten Graphen von mathematisch definierten Funktionen wurden zunächst mit Hilfe von Mathematica® berechnet, als `Plot` ausgegeben und hierauf in der Graphik-Umgebung „Canvas" weiterbearbeitet. Einige der Figuren, zum Beispiel die Bilder 3.7 und 6.1, wurden mit „Think Pascal" als Bitmap erzeugt, im A4-Format ausgedruckt und anschließend photographisch verkleinert.

Ich danke allen, die mich zu diesem Unternehmen ermutigt und mir dabei geholfen haben, in erster Linie den Herausgebern der Reihe „Advanced Lectures in Mathematics" und dem Vieweg-Verlag für die Aufnahme dieser „Einführung" in ihr Programm.

Zürich, Ende November 1997

Christian Blatter

Inhaltsverzeichnis

Hinweise und besondere Bezeichnungen IX

1 Problemstellung 1

1.1 Ein zentrales Thema der Analysis 1
1.2 Fourier-Reihen 4
1.3 Fourier-Transformation 8
1.4 Gefensterte Fourier-Transformation 10
1.5 Wavelet-Transformation 13
1.6 Das Haar-Wavelet 18

2 Fourier-Analysis 26

2.1 Fourier-Reihen 26
2.2 Fourier-Transformation auf $\mathbb{R}$ 31
2.3 Die Heisenbergsche Unschärferelation 43
2.4 Das Abtast-Theorem von Shannon 47

3 Die kontinuierliche Wavelet-Transformation 54

3.1 Definitionen und Beispiele 54
3.2 Eine Plancherel-Formel 61
3.3 Umkehrformeln 65
3.4 Die Kernfunktion 69
3.5 Abklingverhalten 73

4 Frames 79

4.1 Geometrische Betrachtungen 79
4.2 Der allgemeine Frame-Begriff 87
4.3 Diskrete Wavelet-Transformation 91
4.4 Beweis des Satzes (4.10) 100

5 Multiskalen-Analyse 105

5.1 Axiomatische Beschreibung 106
5.2 Die Skalierungsfunktion 110
5.3 Konstruktionen im Fourier-Bereich 117
5.4 Algorithmen 130

6 Orthonormierte Wavelets mit kompaktem Träger 137
6.1 Lösungsansatz 137
6.2 Algebraische Konstruktionen 146
6.3 Binäre Interpolation 154
6.4 Spline-Wavelets 164

Literaturverzeichnis 175

Sachverzeichnis 177

Hinweise und besondere Bezeichnungen

Dieses Buch ist eingeteilt in sechs Kapitel, und jedes Kapitel ist weiter unterteilt in Abschnitte. Formeln, die später nocheinmal benötigt werden, sind abschnittweise mit mageren Ziffern numeriert. Innerhalb eines Abschnitts wird ohne Angabe der Abschnittnummer auf Formel (1) zurückverwiesen; 3.4.(2) hingegen bezeichnet die Formel (2) des Abschnitts 3.4.

Neu eingeführte Begriffe sind am Ort ihrer Definition *schräg* gesetzt; eine weitergehende Warnung („Achtung, jetzt kommt eine Definition") erfolgt nicht. Definitionen lassen sich vom Sachverzeichnis her jederzeit wieder auffinden.

Sätze (Theoreme) sind kapitelweise numeriert; die halbfette Signatur **(4.3)** bezeichnet den dritten Satz in Kapitel 4. Sätze werden im allgemeinen angesagt; jedenfalls sind sie erkenntlich an der vorangestellten Signatur und am *durchlaufenden Schrägdruck* des Textes. Die beiden Winkel ⌐ und ⌐ bezeichnen den Beginn und das Ende eines Beweises.

Eingekreiste Ziffern numerieren abschnittweise die erläuternden Beispiele; der leere Kreis ○ markiert das Ende eines Beispiels.

Eine Familie von Objekten c_α über der Indexmenge I (ein „Datensatz") wird bezeichnet mit

$$(c_\alpha \,|\, \alpha \in I) \,=:\, c_. \ .$$

1_A bezeichnet die charakteristische Funktion der Menge A und 1_X die identische Abbildung des Vektorraums X.

Sind e bzw. $a_1, \ldots, a_r$ gegebene Vektoren eines Vektorraums X, so bezeichnen $<e>$ bzw. $\mathrm{span}(a_1, \ldots, a_r)$ den von e bzw. von den a_k aufgespannten Unterraum.

$\mathbb{R}^* := \mathbb{R} \setminus \{0\}$ ist die multiplikative Gruppe der reellen Zahlen.

$\mathbb{R}^2_- := \mathbb{R}^* \times \mathbb{R}$ ist die „zersägte (a,b)-Ebene", wobei in Figuren die a-Achse vertikal, die b-Achse horizontal angelegt ist.

Das Zeichen $\int$ ohne Angabe von Integrationsgrenzen bezeichnet immer das über die ganze reelle Achse erstreckte Integral bezüglich des Lebesgue-Maßes:

$$\int f(t)\,dt \,:=\, \int_{-\infty}^{\infty} f(t)\,dt \ .$$

Analog: Summen $\sum_k$ ohne Angaben von Summationsgrenzen erstrecken sich über ganz $\mathbb{Z}$:

$$\sum_k a_k \,:=\, \sum_{k=-\infty}^{\infty} a_k \ .$$

Fourier-Transformation:
$$\widehat{f}(\xi) := \frac{1}{\sqrt{2\pi}} \int f(t)\, e^{-i\xi t}\, dt\ .$$

Umkehrformel, gelegentlich als Fourier$^\vee$-Transformation bezeichnet:
$$f(t) = \frac{1}{\sqrt{2\pi}} \int \widehat{f}(\xi)\, e^{i\xi t}\, d\xi\ .$$

Mit $j_a^N f$ bezeichnen wir den N-Jet (das Taylor-Polynom der Ordnung N) von f an der Stelle $a \in \mathbb{R}$, in Formeln:
$$j_a^N f(t) := \sum_{k=0}^{N} \frac{f^{(k)}(a)}{k!}\, (t-a)^k\ .$$

Das Symbol $\mathbf{e}_\alpha$ bezeichnet die Funktion
$$\mathbf{e}_\alpha \colon\ \mathbb{R} \to \mathbb{C}\,, \qquad t \mapsto e^{i\alpha t}\ .$$

Für Funktionen $f\colon \mathbb{X} \to \mathbb{C}$, wobei $\mathbb{X} = \mathbb{R}$ oder $\mathbb{X} = \mathbb{Z}$, bezeichnen $a(f)$ und $b(f)$ das linke und das rechte Ende des Trägers von f:
$$a(f) := \inf\{x \in \mathbb{X} \mid f(x) \neq 0\}\,, \qquad b(f) := \sup\{x \in \mathbb{X} \mid f(x) \neq 0\}\ .$$

Ein *Zeitsignal* ist ganz einfach eine Funktion $f\colon \mathbb{R} \to \mathbb{C}$.

1 Problemstellung

1.1 Ein zentrales Thema der Analysis

Ein zentrales Thema der Analysis ist die Approximation bzw. die Darstellung von beliebigen gegebenen oder gesuchten Funktionen f mit Hilfe von speziellen Funktionen. „Spezielle Funktionen" sind Funktionen aus einem Katalog, zum Beispiel Monome $t \mapsto t^k$, $k \in \mathbb{N}$, oder Funktionen der Form $t \mapsto e^{ct}$, $c \in \mathbb{C}$ fest. Spezielle Funktionen sind im allgemeinen gut verstanden, oft einfach zu berechnen und haben interessante analytische Eigenschaften.

Um Ideen zu fixieren, betrachten wir eine (gegebene oder gesuchte) Funktion

$$f \colon \mathbb{R} \curvearrowright \mathbb{C},$$

wobei wir annehmen, f sei in einer Umgebung U des Punktes $a \in \mathbb{R}$ hinreichend oft differenzierbar. Eine derartige Funktion läßt sich in U durch ihre Taylor-Polynome

$$j_a^n f(t) := \sum_{k=0}^{n} \frac{f^{(k)}(a)}{k!} (t-a)^k \tag{1}$$

mit kontrollierbarem Fehler approximieren, und unter geeigneten Voraussetzungen wird f durch die unendliche Taylor-Reihe tatsächlich *dargestellt*, das heißt, es gilt

$$f(t) = \sum_{k=0}^{\infty} \frac{f^{(k)}(a)}{k!} (t-a)^k$$

für alle t in einer geeigneten Umgebung $U' \subset U$.

Allgemein: Man wählt eine der jeweiligen Situation angepaßte Familie $(e_\alpha \,|\, \alpha \in I)$ von *Basisfunktionen* $t \mapsto e_\alpha(t)$; dabei ist I eine diskrete oder „kontinuierliche" Indexmenge. Eine Approximation der ziemlich beliebigen Funktion f mit Hilfe der e_α hat dann die Form

$$f(t) \doteq \sum_{k=1}^{N} c_k e_{\alpha_k}(t)$$

mit gewissen Koeffizienten c_k, und eine *Darstellung* von f hat die Form

$$f(t) \equiv \sum_{\alpha \in I} c_\alpha e_\alpha(t); \tag{2}$$

oder sie erscheint als Integral über die Indexmenge I:

$$f(t) \equiv \int_I d\alpha \, c(\alpha) \, e_\alpha(t) \, . \tag{3}$$

Idealerweise stehen gerade soviele Basisfunktionen zur Verfügung, daß sich jede in dem betreffenden Zusammenhang vorkommende Funktion f auf genau eine Weise in der Form (2) bzw. (3) darstellen läßt. Die Operation, die einem f den zugehörigen *Koeffizientenvektor* $(c_\alpha \mid \alpha \in I)$ zuweist, heißt *Analyse* von f bezüglich der Familie $(e_\alpha \mid \alpha \in I)$. Die Koeffizienten c_α lassen sich besonders einfach bestimmen, wenn die Basisfunktionen e_α orthonormiert sind (s.u.). Im Fall der Taylor-Entwicklung (1) sind zur Koeffizientenbestimmung sukzessive Derivationen von f notwendig, und bei der sogenannten Tschebyscheff-Approximation gibt es keine Formel für die c_k.

Die Umkehroperation, die aus einem gegebenen Koeffizientenvektor $(c_\alpha \mid \alpha \in I)$ die Funktion

$$f(t) := \sum_{\alpha \in I} c_\alpha \, e_\alpha(t)$$

produziert, heißt *Synthese* von f mit Hilfe der e_α.

① Das x-Intervall $[0, L]$ modelliert einen wärmeleitenden Stab S (Bild 1.1). Die örtlich und zeitlich veränderliche Temperatur in diesem Stab wird beschrieben durch eine Funktion $(x, t) \mapsto u(x, t)$, die der eindimensionalen Wärmeleitungsgleichung

$$\frac{\partial u}{\partial t} = a^2 \frac{\partial^2 u}{\partial x^2} \tag{4}$$

genügt; dabei bezeichnet $a > 0$ eine Materialkonstante. Gegeben sind die längs S veränderliche Anfangstemperatur $x \mapsto f(x)$ sowie die Randbedingung, daß die Enden des Stabs für alle $t > 0$ auf Temperatur 0 gehalten werden. Für $0 < x < L$ findet kein Wärmeaustausch mit der Umgebung statt. Gesucht ist der resultierende Temperaturverlauf u.

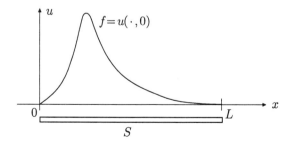

Bild 1.1

1.1 Ein zentrales Thema der Analysis

Bei derartigen Problemen hat sich das folgende Vorgehen bewährt: Man bestimmt zunächst Funktionen $U(\cdot,\cdot)$ der speziellen Form

$$(x,t) \mapsto U(x,t) = X(x)\,T(t)\,,$$

die (4) genügen und an den Enden des Stabs verschwinden. Dies leisten die Funktionen

$$U_k(x,t) := \exp\left(-\frac{k^2\pi^2 a^2}{L^2}t\right)\sin\frac{k\pi x}{L} \qquad (k\in\mathbb{N}_{\geq 1})\,.$$

Wegen der Linearität und Homogenität der berücksichtigten Bedingungen sind dann auch beliebige Linearkombinationen

$$u(x,t) := \sum_{k=1}^{\infty} c_k\, U_k(x,t)$$

der U_k Lösungen der Wärmeleitungsgleichung, die an den Enden des Stabes verschwinden. Die Lösung des ursprünglichen Problems ist daher gefunden, wenn es gelingt, die Koeffizienten c_k so festzulegen, daß auch noch die Anfangsbedingung $u(x,0) \equiv f(x)$ erfüllt ist. Es müßte also die Identität

$$\sum_{k=1}^{\infty} c_k \sin\frac{k\pi x}{L} \equiv f(x) \qquad (0 < x < L) \tag{5}$$

sichergestellt werden. Damit stehen wir vor der Frage, ob das Funktionensystem

$$e_k(x) := \sin\frac{k\pi x}{L} \qquad (k\in\mathbb{N}_{\geq 1})$$

reichhaltig genug ist, um eine beliebig vorgegebene Funktion $f\colon\,]0,L[\,\to\mathbb{R}$ gemäß (5) repräsentieren zu können. Diese Frage ist zu bejahen, wie in der Theorie der Fourier-Reihen (s.u.) gezeigt wird. ◯

Nun kommt ein weiterer Aspekt: Wird eine Funktion f nicht nur in Gedanken analysiert oder synthetisiert, sondern *konkret*, wie bei der Analyse von Herzstromkurven oder langzeitlichen Klimaveränderungen, so wird für die numerische Arbeit eine vollständige *Diskretisierung* fast unumgänglich. Diese Diskretisierung betrifft einerseits den Vorrat an Basisfunktionen (falls er nicht schon von Anfang an diskret war) und anderseits den zugrundegelegten Raum der unabhängigen Variablen t (bzw. x, $\mathbf{x}$, ...): Die Werte von allen vorkommenden (gegebenen oder gesuchten) Funktionen werden nur noch an diskreten Stellen

$$t := k\tau \qquad (k\in\mathbb{Z},\ \tau > 0 \text{ fest})$$

evaluiert, gemessen oder berechnet.

Daß auch die Werte $f(t)$ selber numerisch nur in „quantisierter" Form darstellbar sind, wollen wir hier außer acht lassen.

Wavelets sind neuartige Systeme von Basisfunktionen für die Darstellung, Filterung, Verdichtung, Speicherung usw. von irgendwelchen „Signalen"

$$f\colon\quad \mathbb{R}^n \to \mathbb{C}\,.$$

Hier wird im Fall $n = 1$ die unabhängige Variable t als *Zeit* interpretiert; es geht dann um die Verarbeitung von *Zeitsignalen* $f\colon \mathbb{R} \to \mathbb{C}$. Der Fall $n = 2$ betrifft die *Bildverarbeitung*; ein konkretes Beispiel ist die Darstellung und Abspeicherung von Abermillionen von Fingerabdrücken im Polizeicomputer [1]. Wir wollen uns diesen Wavelets nähern, indem wir kurz einige Tatsachen über Fourier-Reihen und die Fourier-Transformation in Erinnerung rufen. Ein eigentliches Repetitorium der Fourier-Analysis wird in den Abschnitten 2.1 und 2.2 gegeben.

1.2 Fourier-Reihen

Fourier-Reihen betreffen 2π-periodische Funktionen

$$f\colon\quad \mathbb{R} \to \mathbb{C}, \qquad f(t+2\pi) \equiv f(t)\,;$$

wir schreiben dafür auch $f\colon \mathbb{R}/2\pi \to \mathbb{C}$. Der natürlichste Definitionsbereich einer derartigen Funktion ist der Einheitskreis S^1 in der komplexen z-Ebene, siehe das Bild 1.2. Auf S^1 erscheinen die unendlich vielen modulo 2π äquivalenten Punkte $t + 2k\pi$, $k \in \mathbb{Z}$, als ein einziger Punkt $z := e^{it}$.

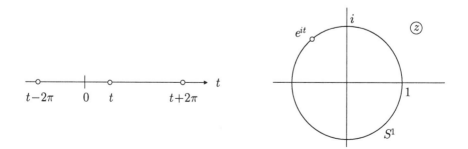

Bild 1.2

1.2 Fourier-Reihen

Werden die Potenzfunktionen
$$\chi_k: \quad S^1 \to S^1, \qquad z \mapsto z^k$$
durch die Variable t ausgedrückt, so erhält man die *periodischen Grundfunktionen* oder *reinen Schwingungen*
$$\mathbf{e}_k: \quad \mathbb{R} \to \mathbb{C}, \qquad t \mapsto e^{ikt} \qquad (k \in \mathbb{Z}) .$$
(Leider gibt es für diese Funktionen keinen universell akzeptierten Bezeichner; wir probieren es hier einmal mit dem halbfetten e.)

Für Funktionen $f: \mathbb{R}/2\pi \to \mathbb{C}$ ist
$$\langle f, g \rangle := \frac{1}{2\pi} \int_{-\pi}^{\pi} f(t) \overline{g(t)} \, dt \tag{1}$$
ein natürliches Skalarprodukt. Die $\mathbf{e}_k$ sind orthonormiert:
$$\langle \mathbf{e}_j, \mathbf{e}_k \rangle = \delta_{jk} ;$$
insbesondere sind sie linear unabhängig. Nach allgemeinen Prinzipien der linearen Algebra ist dann
$$c_k := \langle f, \mathbf{e}_k \rangle = \frac{1}{2\pi} \int_{-\pi}^{\pi} f(t) \, e^{-ikt} \, dt \tag{2}$$
die „k-te Koordinate von f bezüglich der Basis $(\mathbf{e}_k \mid k \in \mathbb{Z})$", und
$$s_N := \sum_{k=-N}^{N} c_k \mathbf{e}_k \qquad \text{bzw.} \qquad s_N(t) := \sum_{k=-N}^{N} c_k \, e^{ikt}$$
ist die Orthogonalprojektion von f auf den Unterraum
$$U_N := \mathrm{span}(\mathbf{e}_{-N}, \ldots, 1, \ldots, \mathbf{e}_N)$$
aller Linearkombinationen der $\mathbf{e}_k$ mit $|k| \le N$. Als Fußpunkt des Lotes von f auf U_N (Bild 1.3) ist s_N der f am nächsten gelegene Punkt von U_N; dabei wird im Funktionenraum die zu (1) gehörende Abstandsmessung
$$d(f, g) := \|f - g\| := \left(\frac{1}{2\pi} \int_{-\pi}^{\pi} |f(t) - g(t)|^2 \, dt \right)^{1/2}$$
zugrundegelegt.

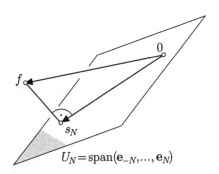

Bild 1.3

Dieser Teil war einfach. Entscheidend und viel schwieriger zu beweisen ist aber, daß das System $(\mathbf{e}_k \,|\, k \in \mathbb{Z})$ *vollständig* ist. Damit ist folgendes gemeint: Jede vernünftige Funktion $f\colon \mathbb{R}/2\pi \to \mathbb{C}$ wird durch ihre (unendliche) *Fourier-Reihe*

$$\sum_{k=-\infty}^{\infty} c_k \, e^{ikt}$$

tatsächlich dargestellt; das heißt, es gilt in einem Sinn, der im Einzelfall zu präzisieren ist, die Konvergenz $\lim_{N \to \infty} s_N = f$ bzw.

$$f(t) = \sum_{k=-\infty}^{\infty} c_k \, e^{ikt} \,. \qquad (3)$$

Für weitere Einzelheiten verweisen wir auf Abschnitt 2.1.

Was gibt es hier zur „Diskretisierung" zu sagen? Nun, das System $(\mathbf{e}_k \,|\, k \in \mathbb{Z})$ ist bereits diskret; es gibt nur ganzzahlige Frequenzen k. Beim numerischen Rechnen muß man sich natürlich auf einen endlichen Frequenzbereich $[-N..N]$ beschränken; anstelle von Darstellungen (3) gibt es also nur Approximationen s_N.

Wird auch bezüglich der Variablen t diskretisiert, so kommt man zu der sogenannten *diskreten Fourier-Transformation*. Das ist nun eine rein algebraische Angelegenheit, da Konvergenzfragen keine Rolle mehr spielen. Die diskrete Fourier-Transformation hat durch die Erfindung von schnellen Algorithmen (Cooley & Tukey, 1965; es gibt aber Vorläufer) einen ungeheuren Aufschwung erlebt. Das Stichwort dazu lautet *Fast Fourier Transform*, abgekürzt *FFT*. Wir werden sehen, daß die Wavelets *ab initio* auf einen schnellen Algorithmus hin angelegt sind. Dieser Sachverhalt hat entscheidend dazu beigetragen, die Wavelets innert weniger Jahre zu einem erfolgreichen Werkzeug in mannigfachen Anwendungsgebieten zu machen.

Die Fourier-Transformation, die einer 2π-periodischen Funktion f ihre *Fourier-Koeffizienten* $(c_k \,|\, k \in \mathbb{Z})$ zuweist, behandelt f als „Gesamtobjekt". Insbesondere gibt es keine *Lokalisierung* auf der Zeitachse. In einem Datensatz $(y_k \,|\, 0 \leq k < N)$,

$$y_k := f\!\left(\frac{2\pi k}{N}\right) \qquad (0 \leq k < N)\,,$$

also einer einfachen Wertetabelle von f, ist auf der Zeitachse präzis lokalisierbare Information über f gespeichert. Im Gegensatz dazu enthält jeder einzelne Fourier-Koeffizient c_k Information über f aus dem gesamten Definitionsbereich. Den c_k läßt sich nicht ansehen, wo z.B. f seinen Maximalwert oder eine Sprungstelle hat.

② Die Sprungfunktion

$$f(t) := \begin{cases} \frac{1}{2}(\pi - t) & (0 < t < 2\pi) \\ 0 & (t = 0) \\ f(t + 2\pi) & \forall t \end{cases}$$

1.2 Fourier-Reihen

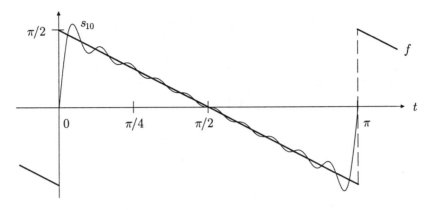

Bild 1.4

(Bild 1.4) besitzt die Fourier-Entwicklung

$$f(t) = \sum_{k=1}^{\infty} \frac{1}{k} \sin(kt),$$

die zwar f tatsächlich darstellt, aber „gleichmäßig schlecht" konvergiert: Da die Koeffizienten $1/k$ mit $k \to \infty$ so langsam abnehmen, ist man an jeder Stelle $t \neq 0$ (mod 2π) auf die Oszillationen von $k \mapsto \sin(kt)$ angewiesen, damit tatsächlich Konvergenz eintritt. Ferner kommt es zu dem bekannten Gibbs'schen Phänomen: Jede Partialsumme s_N der Fourier-Reihe überschießt an einer gewissen Stelle t_N in der Nähe von 0 den maximalen Funktionswert $\frac{\pi}{2}$ um ca. 18%.

Geht es nun um die Fourier-Analyse der in Bild 1.5 dargestellten Funktion g, so besitzt g wegen der Sprungstelle t_0 von vornherein eine überall schlecht konvergente Fourier-Reihe. Weiter läßt sich den c_k nicht ansehen, wo die Sprungstelle liegt, obwohl das vielleicht gerade am meisten interessiert. ◯

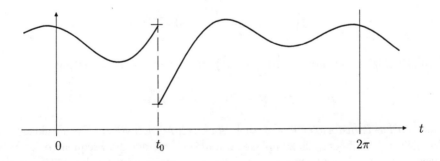

Bild 1.5

Bei der Approximation einer Funktion f mit Hilfe von Wavelets wird es eine Lokalisierung geben, und zwar ist sie sozusagen maßgeschneidert: Kurzlebige Detailstrukturen von f wie Sprungstellen oder ausgeprägte Spitzen sind anhand der Waveletkoeffizienten von f genau lokalisierbar; langzeitliche Trends von f sind in tieferen Schichten der Koeffizientenhierarchie abgelegt und naturgemäß in kleinerem Maßstab dargestellt, das heißt: weniger genau lokalisiert.

1.3 Fourier-Transformation

Bei der Fourier-Transformation auf $\mathbb{R}$, kurz: *FT*, geht es um die Analyse und Synthese von Funktionen
$$f\colon\ \mathbb{R} \to \mathbb{C}\,.$$
Grundfunktionen sind wieder die reinen Schwingungen
$$\mathbf{e}_\alpha\colon\ \mathbb{R} \to \mathbb{C}\,,\qquad t \mapsto e^{i\alpha t}\,,\tag{1}$$
dieses Mal aber beliebiger *reeller* Frequenzen α; in anderen Worten: Die Indexmenge ist $\mathbb{R}$ und damit isomorph zum Definitionsbereich der betrachteten Funktionen f. Das relevante Skalarprodukt ist nunmehr
$$\langle f,g\rangle := \int_{-\infty}^{\infty} f(t)\,\overline{g(t)}\,dt$$
(vgl. 1.2.(2)); es ist das entscheidende Strukturelement der sogenannten L^2-*Theorie* (für Details siehe Abschnitt 2.2). Da die $\mathbf{e}_\alpha$ nicht in L^2 liegen, hat es keinen Sinn, sie als „orthonormiert" anzusehen: Das Skalarprodukt $\langle \mathbf{e}_\alpha,\mathbf{e}_\beta\rangle$ ist nicht definiert. Trotzdem ist es erlaubt und macht für viele $f \in L^2$ Sinn, mit Hilfe der Formel
$$\widehat{f}(\alpha) := \frac{1}{\sqrt{2\pi}}\int_{-\infty}^{\infty} f(t)\,e^{-i\alpha t}\,dt$$
einen „Koeffizientenvektor" $\bigl(\widehat{f}(\alpha)\,|\,\alpha\in\mathbb{R}\bigr)$ zu definieren. Die Funktion
$$\widehat{f}\colon\ \mathbb{R}\to\mathbb{C}\,,\qquad \alpha \mapsto \widehat{f}(\alpha)$$
heißt *Fourier-Transformierte* oder auch *Spektralfunktion* von f. Der Funktionswert $\widehat{f}(\alpha)$ läßt sich auffassen als komplexe Amplitude, mit der die Frequenz α im Signal f vertreten ist. Es gibt aber auch hier keine Lokalisierung bezüglich t: Am Wert $\widehat{f}(\alpha)$ läßt sich nicht ablesen, wann die „Note" α gespielt wurde.

1.3 Fourier-Transformation

In der Bildverarbeitung möchte man sich die zweidimensionale Fourier-Transformation zunutze machen. Nun gibt es in den verschiedenen Zonen etwa eines Landschaftsbildes ganz verschiedene Texturen (Wald, frisch gepflügter Acker, Seefläche usw.), die an sich charakteristische Muster in der Fourier-Transformierten $\hat{f}\colon \mathbb{R}^2 \to \mathbb{C}$ erzeugen. Wiederum läßt sich der Funktion $\hat{f}$ nur ansehen, welche Texturen in dem Bild allenfalls auftreten, nicht aber, an welchem Ort das jeweils der Fall ist. Aus diesem Grund wird im allgemeinen nicht das Gesamtbild Fourier-transformiert; sondern das Bild wird in kleine, homogen texturierte Quadrate zerlegt, die je für sich der Fourier-Transformation unterzogen werden.

Simultane Lokalisierung bezüglich t und α in einem und demselben „Datenvektor" ist nicht oder jedenfalls nur in ganz bestimmten Grenzen erhältlich — und diese Grenzen können auch mit Wavelets nicht überschritten werden. Es gibt keinen „Schwingungsstoß" im Zeitintervall $[t_0-h, t_0+h]$ (und außerhalb $\equiv 0$) mit Frequenz im Intervall $[\alpha_0-\delta, \alpha_0+\delta]$ und beliebig kleinen $h > 0$, $\delta > 0$. Der quantitative Ausdruck dieses fundamentalen Sachverhalts ist die *Heisenbergsche Unschärferelation*

$$\int_{-\infty}^{\infty} t^2 |f(t)|^2 \, dt \cdot \int_{-\infty}^{\infty} \alpha^2 |\hat{f}(\alpha)|^2 \, d\alpha \geq \frac{1}{4} \|f\|^4 \qquad (2)$$

(siehe Abschnitt 2.3). Hier ist der erste Faktor linker Hand ein gewisses Maß für die „Ausbreitung" des Graphen von f über die t-Achse und der zweite Faktor ein Maß für die „Ausbreitung" des Graphen von $\hat{f}$ über die α-Achse (Bild 1.6). Die Ungleichung (2) besagt, daß f und $\hat{f}$ nicht beide sehr stark um den Nullpunkt herum konzentriert sein können. Für die konstanten Vielfachen der Funktionen $t \mapsto \exp(-c t^2)$, $c > 0$, und nur für diese, gilt in (2) das Gleichheitszeichen.

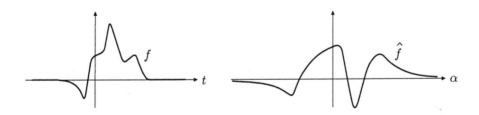

Bild 1.6

Für vernünftige Funktionen $f\colon \mathbb{R} \to \mathbb{C}$ gilt die *Umkehrformel*

$$f(t) = \frac{1}{\sqrt{2\pi}} \int_{-\infty}^{\infty} \hat{f}(\alpha) \, e^{i\alpha t} \, d\alpha \qquad \text{bzw.} \qquad f = \frac{1}{\sqrt{2\pi}} \int_{-\infty}^{\infty} d\alpha \, \hat{f}(\alpha) \, \mathbf{e}_\alpha, \qquad (3)$$

die f mit Hilfe von reinen Schwingungen (1) synthetisiert. Das ist natürlich für theoretische Betrachtungen fundamental, für praktische Zwecke aber fast zuviel des Guten: Ein „real" vorkommendes Signal ist außerhalb eines beschränkten t-Intervalls I vernachlässigbar schwach oder sogar exakt identisch 0. Dies ist dem Anwender von vornherein bekannt, und er begehrt gar nicht, das Signal f außerhalb I zu synthetisieren. Die Umkehrformel (3) produziert aber auf der ganzen t-Achse einen Funktionswert und muß sich daher ganz vergeblich anstrengen, auf $\mathbb{R}\setminus I$ durch vollständige gegenseitige Auslöschung aller $\mathbf{e}_\alpha$ „identisch 0" zu erzeugen.

1.4 Gefensterte Fourier-Transformation

Wir sind also auf der Suche nach einem „Datentyp", aus dem sowohl zeitliche wie spektrale Information über ein Signal $f\colon \mathbb{R} \to \mathbb{C}$ leicht extrahiert werden kann. Eine musikalische Partitur stellt einen diskreten Datentyp dar, der genau das leistet: Wer Noten lesen kann, entnimmt einer Partitur ohne weiteres, in welchen Zeitintervallen welche Frequenzen aktiviert sind.

Die sogenannte *gefensterte Fourier-Transformation*, englisch: *Windowed Fourier Transform*, abgekürzt *WFT*, liefert eine kontinuierliche Version eines derartigen Datentyps. Die simultane Lokalisierung bezüglich der Zeit- und der Frequenzvariablen wird allerdings erkauft mit einer kolossalen Redundanz, da nun die Indexmenge des „Datenvektors"

$$\bigl(Gf(\alpha, s) \mid (\alpha, s) \in \mathbb{R} \times \mathbb{R}\bigr)$$

zweidimensional ist, obwohl nur eine Funktion f von *einer* Variablen t codiert wird.

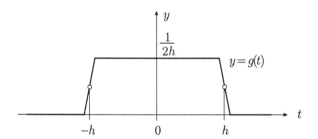

Bild 1.7

Die WFT läßt sich folgendermaßen beschreiben: Zunächst wird eine *Fensterfunktion* $g\colon \mathbb{R} \to \mathbb{R}_{\geq 0}$ ein für allemal fest gewählt. Die Funktion g sollte „mit Gesamtmasse 1 um $t = 0$ herum konzentriert" sein, also z.B. kompakten Träger (siehe Bild 1.7)

1.4 Gefensterte Fourier-Transformation

oder jedenfalls bei 0 ein ausgeprägtes Maximum haben. Besonders verbreitet ist das Fenster

$$g(t) := \mathcal{N}_{\sigma,0}(t) := \frac{1}{\sqrt{2\pi}\sigma} \exp\left(-\frac{t^2}{2\sigma^2}\right), \qquad (1)$$

$\sigma > 0$ ein *fester* Parameter.[1] Die zugehörige Transformation wird auch als *Gabor-Transformation* bezeichnet, da Gabor (Nobelpreisträger für Physik 1971) als erster die WFT verwendet und auch $\mathcal{N}_{\sigma,0}$ als in gewissem Sinn optimales Fenster vorgeschlagen hat.

Für gegebenes $s \in \mathbb{R}$ stellt die Funktion

$$g_s: \quad t \mapsto g(t-s)$$

das um s nach rechts (falls $s > 0$) verschobene Fenster g dar. Wir behalten die Grundschwingungen 1.3.(1) bei und definieren die *Fenster-Transformierte*

$$Gf: \quad \mathbb{R} \times \mathbb{R} \to \mathbb{C}, \qquad (\alpha, s) \mapsto Gf(\alpha, s)$$

einer Funktion f durch

$$Gf(\alpha, s) := \frac{1}{\sqrt{2\pi}} \int_{-\infty}^{\infty} f(t)\, g(t-s)\, e^{-i\alpha t}\, dt. \qquad (2)$$

Legen wir etwa die in Bild 1.7 dargestellte Fensterfunktion g zugrunde, so läßt sich (2) folgendermaßen interpretieren: Der Wert $Gf(\alpha, s)$ gibt an, mit welcher komplexen Amplitude die Grundschwingung e_α während des t-Intervalls $[s-h, s+h]$ in f vertreten ist. Wurde in diesem Intervall gerade die „Note" α gespielt, so fällt $|Gf(\alpha, s)|$ groß aus.

Da die Information über f in Gf sehr redundant repräsentiert ist, gibt es für die gefensterte Fourier-Transformation $f \mapsto Gf$ verschiedene Umkehrformeln, die auf Calderon und Gabor zurückgehen. Für praktisch-numerische Zwecke wird natürlich eine diskrete Version der WFT benötigt. Sie arbeitet mit äquidistanten Teilungen auf der t- und der α-Achse.

Die konstante Fensterbreite $2h$ (bzw. $\sim 2\sigma$ im Fall (1)) hat zur Folge, daß das „Abfragemuster" $t \mapsto g(t-s)e^{-i\alpha t}$ für $|\alpha| \gg \frac{1}{h}$ aussieht, wie in Bild 1.8 dargestellt. Nun enthält das Signal f vielleicht nur wenige Vollschwingungen der Frequenz α, die dann nur einen kleinen Teil des Intervalls $[s-h, s+h]$ belegen. Das in Bild 1.8 gezeigte „Abfragemuster" ist jedoch nicht in der Lage, den Ort dieses Schwingungsstoßes mit der gewünschten Genauigkeit festzustellen.

---

[1] Die offizielle Bezeichnung für diese Funktion ist $\mathcal{N}(0, \sigma)$. Die hier verwendete Notation ist jedoch im Einklang mit der Schreibweise 1.5.(1).

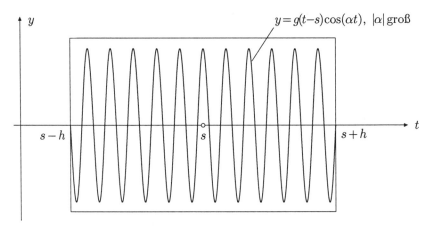

Bild 1.8

Am unteren Ende des Hörbereichs, d.h. für Frequenzen $|\alpha| \ll \frac{1}{h}$ ist es noch schlimmer: Das „Abfragemuster" sieht in diesem Fall aus, wie in Bild 1.9 gezeichnet. Besitzt jetzt das Signal f einen (vielleicht hochinteressanten) Schwingungsanteil mit charakteristischer Frequenz $|\alpha| \ll \frac{1}{h}$, so wird das durch die Transformation G nicht entdeckt. Das „Fenster" in Bild 1.9 ist zu schmal, um auch nur eine einzige Vollschwingung erfassen zu können.

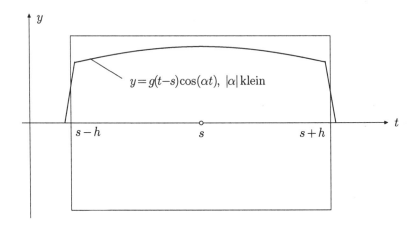

Bild 1.9

1.5 Wavelet-Transformation

Damit das entscheidend Neue der Wavelet-Transformation (WT) gegenüber den vorangehenden Ansätzen FT und WFT klarer herauskommt, halten wir hier nocheinmal fest:

- Die Fourier-Transformation von Funktionen $f\colon \mathbb{R} \to \mathbb{C}$ arbeitet mit einer speziellen (und durch interessante analytische Eigenschaften ausgezeichneten) analysierenden Funktion $t \mapsto e^{it}$, die mit dem reellen Frequenzparameter α dilatiert wird: $t \mapsto e^{i\alpha t}$.
- Bei der gefensterten Fourier-Transformation haben wir dieselbe analysierende Funktion $t \mapsto e^{it}$ und ihre Dilatierten, dazu eine verschiebbare, im übrigen aber *starre* Fensterfunktion g; letztere ist ziemlich willkürlich wählbar.

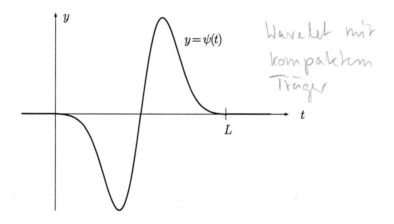

Wavelet mit kompaktem Träger

Bild 1.10

Das Grundmodell der Wavelet-Transformation bearbeitet ebenfalls komplexwertige Zeitsignale $f\colon \mathbb{R} \to \mathbb{C}$. Man beginnt mit der Wahl eines geeigneten *analysierenden Wavelets*, auch *Mutter-Wavelet* oder einfach *Wavelet* genannt, $x \mapsto \psi(x)$. Bild 1.10 zeigt ein ψ mit kompaktem Träger $[0, L]$. Dilatierte und verschobene Kopien des Mutter-Wavelets ψ heißen *Waveletfunktionen*. Die zur Analyse von Signalen f verwendeten „Abfragemuster" sind nun gerade derartige Waveletfunktionen, nämlich die Funktionen

$$\psi_{a,b}\colon \mathbb{R} \to \mathbb{C}, \qquad t \mapsto \frac{1}{|a|^{1/2}} \psi\!\left(\frac{t-b}{a}\right), \tag{1}$$

wobei für (a,b) die Indexmenge $\mathbb{R}^* \times \mathbb{R}$ oder $\mathbb{R}_{>0} \times \mathbb{R}$ zugrundegelegt wird. Die Variable a ist der *Skalenparameter*, b der *Verschiebungsparameter*. Der Vorfaktor $1/|a|^{1/2}$ ist nicht entscheidend und eher technisch bedingt; er wird zugegeben, um $\|\psi_{a,b}\| = 1$ sicherzustellen.

$\mathbb{R}^* \to$ *multiplikative Gruppe der reellen Zahlen*

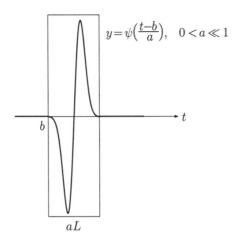

Bild 1.11

Die Bilder 1.11 und 1.12 zeigen, daß das die Breite des Abfragemusters bzw. -fensters proportional zu $|a|$ wächst und daß in diesem Fenster immer eine *vollständige* und *einfache* Kopie des analysierenden Wavelets ψ sichtbar ist. Folgendes sollte man sich gleich merken:

- Skalenwerte a mit einem Betrag $|a| \gg 1$ liefern ein breites Fenster und dienen zur Erfassung von langsamen Vorgängen bzw. langwelligen Schwingungsanteilen.
- Skalenwerte a mit $0 < |a| \ll 1$ liefern ganz schmale Fenster und dienen zum präzis lokalisierten Nachweis von hochfrequenten und/oder kurzlebigen Phänomenen.

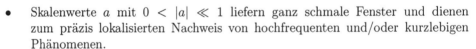

Bild 1.12

Nach allem bisher Gesagten leuchtet ein, daß nunmehr die *Wavelet-Transformierte*

$$\mathcal{W}f\colon \mathbb{R}^* \times \mathbb{R} \to \mathbb{C}, \qquad (a,b) \mapsto \mathcal{W}f(a,b)$$

eines Zeitsignals f folgendermassen definiert ist:

$$\mathcal{W}f(a,b) := \langle f, \psi_{a,b} \rangle = \frac{1}{|a|^{1/2}} \int_{-\infty}^{\infty} f(t)\, \overline{\psi\!\left(\frac{t-b}{a}\right)}\, dt\ .$$

1.5 Wavelet-Transformation

Strenggenommen müßte man $\mathcal{W}_\psi f$ schreiben; denn der resultierende Datensatz

$$\left(\mathcal{W}f(a,b) \mid (a,b) \in \mathbb{R}^* \times \mathbb{R} \right)$$

hängt ab von dem zu Beginn gewählten Mutter-Wavelet ψ. Solange nicht verschiedene Wavelets ψ gleichzeitig betrachtet werden, dürfen wir auf die ausführlichere Schreibweise $\mathcal{W}_\psi$ verzichten.

Wir werden sehen (Abschnitt 3.3), daß es auch für die Wavelet-Transformation eine Umkehrformel gibt. Sie stellt das Ausgangssignal f als Linearkombination der Basisfunktionen $\psi_{a,b}$ dar, wobei die Werte $\mathcal{W}f(a,b)$ als Koeffizienten dienen und auf der Indexmenge $\mathbb{R}^* \times \mathbb{R}$ ein charakteristisches „Volumenelement" zugrundegelegt wird. Sind die $\psi_{a,b}$ gegeben durch (1), so gilt

$$f = \frac{1}{C_\psi} \int_{\mathbb{R}^* \times \mathbb{R}} \frac{da\,db}{|a|^2}\, \mathcal{W}f(a,b)\, \psi_{a,b}$$

mit einer Konstanten C_ψ, die nur von dem gewählten ψ abhängt (Satz **(3.7)**).

Es wird sich herausstellen, daß mit diesem Ansatz auf der Frequenzachse eine *logarithmische Skala* maßgebend wird, wie wir sie von der Akustik bzw. vom Hören her kennen: Gleiche Tonschritte gehören zu gleichen Frequenz*verhältnissen* ω_2/ω_1 (zum Beispiel 5:4 für die große Terz) und nicht zu gleichen Frequenz*differenzen* $\omega_2 - \omega_1$.

Besonders klar kommt das zum Ausdruck, wenn wir nun die Indexmenge $\mathbb{R}_{>0} \times \mathbb{R}$ diskretisieren: Wir wählen einen *Zoomschritt* $\sigma > 1$, am verbreitetsten ist $\sigma := 2$, und betrachten nur noch die diskreten Dilatationswerte

$$a_r := \sigma^r \qquad (r \in \mathbb{Z});$$

dabei entspricht also größerem $r \in \mathbb{Z}$ ein größerer Dilatationsfaktor $a_r > 0$. Was nun den Verschiebungsparameter b anbelangt, so können wir nicht einfach eine feste Schrittweite $\beta > 0$ wählen und dann die Verschiebungszahlen $b_k := k\beta$ ($k \in \mathbb{Z}$) zugrundelegen wie bei der Fourier-Transformation. Vielmehr wird in den feineren Maßstäben, das heißt: für kleineres r, auch eine entsprechend kleinere Schrittweite benötigt, damit alles richtig hinkommt. Konkret: Auf dem Niveau a_r in der (a,b)-Ebene (a vertikal, b horizontal abgetragen) gibt es die Gitterpunkte

$$b_{r,k} := k\,\sigma^r \beta \qquad (k \in \mathbb{Z})$$

im Abstand $\sigma^r \beta$, siehe das Bild 4.4. Dies ist eigentlich ganz natürlich und gewährleistet die präzise Lokalisierung von hochfrequenten und/oder kurzlebigen Phänomenen bei der numerischen Verarbeitung eines Zeitsignals f.

Die systematische Ausbeutung der so etablierten Gruppe von Selbstähnlichkeiten (auch zwischen ψ und seinen skalierten Versionen) führt zu der sogenannten *Multiskalen-Analyse* mit einem zugehörigen schnellen Algorithmus, genannt *Fast Wavelet Transform*, abgekürzt *FWT*, zur sukzessiven Berechnung der *Waveletkoeffizienten*

$$c_{r,k} := \mathcal{W}f(a_r, b_{r,k})$$

bzw. zur Synthese des Signals f aus den $c_{r,k}$.

Bei der Wahl des analysierenden Wavelets ψ hat man, im Gegensatz zur Fourier-Analyse, große Freiheit: Im wesentlichen genügt es, dafür zu sorgen, daß ψ in $L^1 \cap L^2$ liegt und $\int_{-\infty}^{\infty} \psi(t)\,dt = 0$ ist. Man kann es z.B. so einrichten, daß

- ψ kompakten Träger hat,
- die zur beschriebenen Diskretisierung gehörenden Waveletfunktionen (die „Abfragemuster")

$$\psi_{r,k}(t) := 2^{-r/2} \psi\left(\frac{t - k \cdot 2^r}{2^r}\right)$$

  orthonormiert sind,
- schnelle Transformationsalgorithmen zur Verfügung stehen,
- ψ soundsooft stetig differenzierbar ist,
- undsoweiter.

Im weiteren Verlauf dieses Buches werden wir verschiedene „berühmte" Mutter-Wavelets ψ formelmäßig oder als theoretische Konstrukte darstellen und numerisch bzw. graphisch realisieren. Es sind dies (in der Reihenfolge des Erscheinens, am linken Rand die jeweiligen Bildnummern):

1.13 Haar-Wavelet,
3.4 Mexikanerhut,
3.5 Modulierte Gauß-Funktion,
3.9 Ableitung der Gauß-Funktion,
4.8 Daubechies-Grossmann-Meyer-Wavelet zu $\sigma = 2$, $\beta = 1$,
5.4 Meyer-Wavelet,
6.4 Daubechies-Wavelet $_3\psi$,
6.6 Daubechies-Wavelet $_2\psi$,
6.9 Battle-Lemarié-Wavelet zu $n = 1$,
6.11 Battle-Lemarié-Wavelet zu $n = 3$.

Dieses Buch handelt von den *mathematischen Grundlagen* der Wavelet-Analyse. Trotzdem soll hier noch kurz ein Blick auf die *Anwendungen* geworfen werden.

Die *Fourier-Analyse* ist ein mächtiges Werkzeug innerhalb und außerhalb der Mathematik. Innerhalb der Mathematik kommt sie in erster Linie in der Theorie der (linearen) partiellen Differentialgleichungen zum Zug, siehe das Beispiel 1.1.①, und außerhalb bei der Modellierung bzw. Analyse von irgendwelchen zeitlich oder räumlich periodischen Phänomenen, um nur einmal nur das Nächstliegende zu nennen. Die FT bezieht ihre Stärke aus den überwältigenden Invarianz- und Symmetrieeigenschaften der periodischen Grundfunktionen e_α.

Im Gegensatz dazu sind die Wavelets von Beginn an im Hinblick auf praktische Anwendungen außerhalb der Mathematik ersonnen worden. Ihre analytischen Eigenschaften sind wesentlich vertrackter als diejenigen der Grundfunktionen e_α, und so sind sie als Werkzeug innerhalb der Mathematik bis jetzt nur wenig zum Zug gekommen; ein schönes Beispiel findet man in [M], chapter 5.

1.5 Wavelet-Transformation

Die eigentlichen Haupt-Anwendungsgebiete der Wavelets sind Signalverarbeitung und Bildverarbeitung. Die Signalverabeitung befaßt sich mit Zeitsignalen und bedient sich dazu der „eindimensionalen" Wavelets, deren Theorie in diesem Buch vorgestellt wird; in der Bildverarbeitung kommen „zweidimensionale" Wavelets zum Zug. Die Theorie dieser „zweidimensionalen" Wavelets ist eine naheliegende „Quadrierung" der eindimensionalen Theorie, enthält aber auch neue Elemente. Sie wird in der vorliegenden Wavelet-Einführung nicht behandelt.

Unter *Verarbeitung* verstehen wir hier die Analyse, „Reinigung", Filterung, rationelle Speicherung und Übermittlung von Zeitsignalen bzw. Bilddaten sowie vor allem deren *Verdichtung*. Die Informationstheorie betrachtet ein Bild als Resultat eines Zufallsprozesses, im Grenzfall als Bitmap ohne Korrelationen zwischen benachbarten Pixeln. In einem realen Bild (oder Tondokument) gibt es aber typischer Weise Regionen hoher Informationsdichte und anderseits Bereiche (zum Beispiel wolkenlosen Himmel), wo inhaltlich wenig passiert. Unterwirft man das gegebene Bild einer (diskreten) Wavelet-Transformation, so lassen sich leicht diejenigen Waveletkoeffizienten $c_{r,k}$ heraussieben, deren Betrag einen gewissen Schwellenwert überschreitet. Nur diese $c_{r,k}$ werden tatsächlich gepeichert bzw. übermittelt. Damit (und das ist die eigentliche Essenz dieses Ansatzes) wird automatisch von jeder Zone des Bildes genau soviel Bildinhalt pro Flächeneinheit ausgedrückt, wie dort tatsächlich vorhanden ist. Indem auf diese Weise die Bildauflösung dynamisch der wechselnden lokalen Informationsdichte angepaßt wird, lassen sich beträchtliche Kompressionsraten erzielen, ohne daß die Bildqualität merklich unter der Verdichtung leidet.

Den Leser, der sich eingehender mit den verschiedenen Anwendungen der Wavelets befassen möchte, verweisen wir auf die Sammelbände [B], [C'] und [D'], ferner auf [L], Kapitel 3. Als neuartige Beschreibungselemente haben die Wavelets auch in verschiedenen Gebieten der theoretischen Physik Einzug gehalten; siehe dazu [K], Part II.

Zum Schluß eine ganz kurze historische Notiz: Vorläufer der Wavelets, allerdings ohne den wohlklingenden Namen, gibt es schon seit 1910 (siehe den nächsten Abschnitt). Im Lauf der Jahrzehnte haben verschiedene Kommunikationstheoretiker die beschriebenen Nachteile der Fourier-Analyse bzw. der WFT mit wechselnden Wavelet-ähnlichen Ansätzen zu überspielen versucht. Zu nennen wäre hier auch eine berühmte Integralformel von Calderón (1964), die der Umkehrformel für die Wavelet-Transformation zu Gevatter steht. Der eigentliche Durchbruch zur selbständigen Wavelet-Theorie erfolgte aber erst in den späten Achtzigerjahren mit der axiomatischen Beschreibung der Multiskalen-Analyse (durch Mallat und Meyer [12]) und der Konstruktion von orthonormalen Wavelets mit kompaktem Träger durch Ingrid Daubechies [3]. Für weitergehende Einzelheiten und eine umfangreiche Bibliographie (nachgeführt bis 1992) verweisen wir auf das Standardwerk [D].

1.6 Das Haar-Wavelet

Viele Aspekte der Wavelet-Theorie lassen sich bereits am allereinfachsten Wavelet, dem sogenannten Haar-Wavelet, beobachten und nachvollziehen. Dazu braucht es keine tiefschürfenden Vorbereitungen; wir können daher gleich damit beginnen. Selbstverständlich wird uns das Haar-Wavelet auch in den späteren Kapiteln immer wieder begegnen und als handliches Beispiel dienen.

1910 hat A. Haar zum ersten Mal ein vollständiges Orthonormalsystem für den Hilbertraum $L^2 := L^2(\mathbb{R})$ beschrieben und damit bewiesen, daß dieser Raum zum Folgenraum

$$l^2 := \left\{ (c_k \mid k \in \mathbb{N}) \ \middle| \ \sum_{k=0}^{\infty} |c_k|^2 < \infty \right\}$$

isomorph ist. Heute interpretieren wir die von Haar angegebenen Basisfunktionen als dilatierte und verschobene Kopien eines bestimmten Mutter-Wavelets ψ, wie im vorangehenden Abschnitt 1.5 beschrieben.

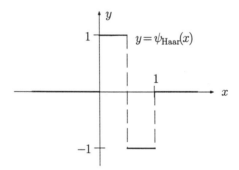

Bild 1.13 Das Haar-Wavelet

Das *Haar-Wavelet* ist die folgende einfache Treppenfunktion:

$$\psi(x) := \begin{cases} 1 & \left(0 \leq x < \tfrac{1}{2}\right) \\ -1 & \left(\tfrac{1}{2} \leq x < 1\right) \\ 0 & (\text{sonst}) \end{cases}$$

(Bild 1.13). Dieses $\psi =: \psi_{\text{Haar}}$ hat kompakten Träger; ferner ist

$$\int_{-\infty}^{\infty} \psi(x)\,dx = 0\,, \qquad \int_{-\infty}^{\infty} |\psi(x)|^2\,dx = 1\,.$$

Das Haar-Wavelet ist jedenfalls gut lokalisiert im Zeitbereich, aber leider unstetig. Die Fourier-Transformierte $\widehat{\psi}$ von ψ_{Haar} berechnet sich folgendermaßen:

$$\widehat{\psi}(\alpha) = \frac{1}{\sqrt{2\pi}} \left(\int_0^{1/2} e^{-i\alpha x}\,dx - \int_{1/2}^1 e^{-i\alpha x}\,dx \right)$$

1.6 Das Haar-Wavelet

$$= \frac{1}{\sqrt{2\pi}} \frac{1}{-i\alpha} \left(e^{-i\alpha x} \Big|_{x:=0}^{1/2} - e^{-i\alpha x} \Big|_{x:=1/2}^{1} \right) = \ldots$$

$$= \frac{i}{\sqrt{2\pi}} \frac{\sin^2(\alpha/4)}{\alpha/4} e^{-i\alpha/2} \quad . \tag{1}$$

Die (gerade) Funktion $|\hat{\psi}|$ erreicht ihr Maximum an der Stelle $\alpha_0 \doteq 4.6622$, siehe Bild 1.14, und nimmt für $\alpha \to \infty$ ab wie $1/\alpha$. Hiernach ist $\hat{\psi}$ „ziemlich gut" lokalisiert bei der Frequenz α_0.

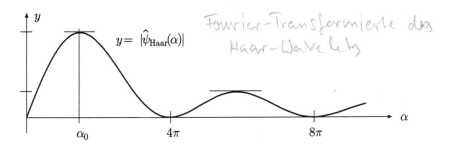

Bild 1.14

Mit Hilfe von ψ_{Haar} werden nun die Waveletfunktionen

$$\psi_{r,k}(t) := 2^{-r/2} \psi_{\text{Haar}}\left(\frac{t - k \cdot 2^r}{2^r}\right) \quad (r, k \in \mathbb{Z}) \tag{2}$$

(Bild 1.15) generiert. Träger von $\psi_{r,k}$ ist das Intervall

$$I_{r,k} := [k \cdot 2^r, (k+1) \cdot 2^r[$$

der Länge 2^r. Wir wiederholen: Zu größerem r gehören längere Intervalle und entsprechend „langwelligere" Waveletfunktionen. Die Amplitude von $\psi_{r,k}$ ist so gewählt, daß

$$\|\psi_{r,k}\|^2 := \int_{-\infty}^{\infty} |\psi_{r,k}(t)|^2 \, dt = 1 \tag{3}$$

für alle r und alle k. Es gilt aber viel mehr:

(1.1) Die $\psi_{r,k}$ ($r \in \mathbb{Z}$, $k \in \mathbb{Z}$) bilden eine orthonormierte Basis von $L^2(\mathbb{R})$.

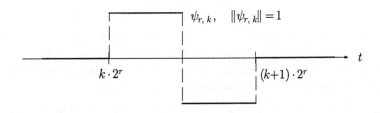

Bild 1.15

Ist $k \neq l$, so besitzen $\psi_{r,k}$ und $\psi_{r,l}$ disjunkte Träger; folglich ist

$$\langle \psi_{r,k}, \psi_{r,l} \rangle = 0 \qquad (k \neq l) .$$

Ist weiter $s < r$, so ist $\psi_{r,k}$ auf dem Träger von $\psi_{s,l}$ konstant $(= -1, 0$ oder $1)$, siehe Bild 1.16. Hiernach ist

$$\langle \psi_{r,k}, \psi_{s,l} \rangle = 0 \qquad (s \neq r, \text{ alle } k, l) ,$$

und zusammen mit (3) folgt, daß die $\psi_{r,k}$ ein Orthonormalsystem bilden.

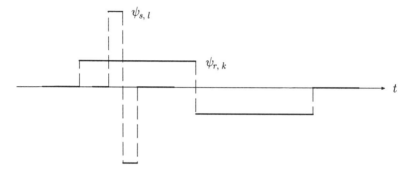

Bild 1.16

Nun zur Hauptsache: Wir müssen zeigen, daß jedes $f \in L^2$ durch endliche Linearkombinationen der $\psi_{r,k}$ (kurz: durch *Waveletpolynome*) im Sinn der L^2-Metrik beliebig genau approximiert werden kann. Nach allgemeinen Prinzipien genügt es, ein $f \colon \mathbb{R} \to \mathbb{C}$ der folgenden Art zu betrachten: Es gibt ein m und ein n, so daß folgendes zutrifft:

- $f(x) \equiv 0 \qquad (|x| \geq 2^m)$,
- f ist eine Treppenfunktion, konstant auf den Intervallen $I_{-n,k}$ der Länge 2^{-n}.

Wir konstruieren nun eine Folge $(\Psi_r \mid r \geq -n)$ von Waveletpolynomen

$$\Psi_r := \sum_{j=-n+1}^{r} \left(\sum_k c_{j,k} \psi_{j,k} \right) ,$$

indem wir, bei den feinsten Details von f beginnend, Schritt für Schritt immer langwelligere Anteile aus dem noch „unerledigten Rest" $f_r := f - \Psi_r$ heraussieben. Beim Grenzübergang $r \to \infty$ kommen also die langwelligsten Anteile von f zuletzt daran, gerade umgekehrt als z.B. bei der Fourier-Analyse.

Wir beginnen die Konstruktion mit $\Psi_{-n} := 0$, $f_{-n} := f$ und treffen für den Schritt $r \rightsquigarrow r' := r + 1$ die folgende Induktionsannahme ($\mathcal{Z}$ für *Zusicherung*):

1.6 Das Haar-Wavelet

$\mathcal{Z}_r$ Das Waveletpolynom Ψ_r und der Rest f_r sind so bestimmt, daß

$$f = \Psi_r + f_r \qquad (4)$$

gilt und f_r auf den Intervallen $I_{r,k}$ konstant ist. Dieser Wert, mit $f_{r,k}$ bezeichnet, ist nichts anderes als der Mittelwert von f auf dem Intervall $I_{r,k}$.

Wir bilden jetzt die Größen

$$\left. \begin{array}{l} \delta_{r',k} := \dfrac{1}{2}(f_{r,2k} - f_{r,2k+1}) \\[4pt] f_{r',k} := \dfrac{1}{2}(f_{r,2k} + f_{r,2k+1}) \end{array} \right\} .$$

(vgl. Bild 1.17) und setzen

$$c_{r',k} := 2^{r'/2}\,\delta_{r',k} \qquad \text{(vgl. die Normierung der } \psi_{r,k}) , \qquad (5)$$

$$\Psi_{r'} := \Psi_r + \sum_k c_{r',k}\,\psi_{r',k} ,$$

$$f_{r'}(x) := f_{r',k} \qquad (x \in I_{r',k}) .$$

Dann gilt (4) mit r' anstelle von r, die Funktion $f_{r'}$ ist konstant auf den Intervallen $I_{r',k}$, und $f_{r',k}$ ist der Mittelwert von f auf $I_{r',k}$; in anderen Worten: Es gilt $\mathcal{Z}_{r'}$.

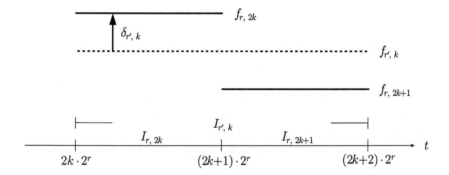

Bild 1.17

Beginnend mit $r := -n$ erhält man nach $n+m$ derartigen Schritten die Beziehung

$$f = \Psi_m + f_m = \sum_{j=-n+1}^{m} \left(\sum_k c_{j,k}\,\psi_{j,k} \right) + f_m .$$

Der Rest f_m ist konstant auf den Intervallen $I_{m,k}$ der Länge 2^m. Allerdings sind höchstens die zwei Werte

$$A := f_{m,-1} = \text{Mittelwert von } f \text{ auf } [-2^m, 0[,$$
$$B := f_{m,0} = \text{Mittelwert von } f \text{ auf } [0, 2^m[$$

von 0 verschieden; denn für $|x| \geq 2^m$ waren bis zu diesem Zeitpunkt alle betrachteten Funktionen $= 0$.

Wir können das Verdoppelungsverfahren mit dem noch unerledigten Rest f_m fortsetzen. Nach p weiteren Schritten hat man

$$f_m = \sum_{j=m+1}^{m+p} \left(\sum_k c_{j,k}\,\psi_{j,k} \right) + f_{m+p}\,,$$

und zwar ist f_{m+p} konstant auf den beiden Intervallen $[-2^{m+p}, 0[$, $[0, 2^{m+p}[$ und außerhalb $= 0$. Da f außerhalb $[-2^m, 2^m[$ verschwindet, ist

$$f_{m+p,-1} = 2^{-p} A\,, \qquad f_{m+p,0} = 2^{-p} B$$

und folglich

$$\|f_{m+p}\|^2 = \int_{-\infty}^{\infty} |f_{m+p}(x)|^2\, dx = 2^{m+p}(2^{-2p}|A|^2 + 2^{-2p}|B|^2) \qquad (6)$$

bzw.

$$\|f_{m+p}\| = 2^{m/2}\sqrt{|A|^2 + |B|^2} \cdot 2^{-p/2}\,.$$

Mit $p \to \infty$ ergibt sich

$$\|f - \Psi_{m+p}\| = \|f_{m+p}\| \leq C \cdot 2^{-p/2} \to 0\,,$$

wie behauptet. ⌋

Dieser Beweis von Satz (**1.1**) ist in dem Sinne konstruktiv, daß er einen Algorithmus zur sukzessiven Bestimmung der Waveletkoeffizienten $c_{j,k}$ gerade mitliefert; und nicht nur das: Es handelt sich hier um einen *schnellen* Algorithmus, wovon wir uns durch Zählen der insgesamt erforderlichen Rechenoperationen leicht überzeugen können: Die betrachtete Funktion f ist bestimmt durch

$$N := 2 \cdot 2^m \cdot 2^n$$

Einzeldaten. Der erste Reduktionsschritt bezieht sich auf $N/2$ Intervallpaare und erfordert pro Paar im wesentlichen zwei Additionen (das Halbieren und die Skalierung (5) brauchen wir nicht zu zählen). Jeder weitere Reduktionsschritt erfordert halb soviele Operationen wie der vorangehende, und nach $m+n$ Schritten wird vernünftigerweise abgebrochen. Zur Bestimmung aller Koeffizienten $c_{j,k}$ sind daher im ganzen nur

$$\frac{N}{2}\left(1 + \frac{1}{2} + \frac{1}{4} + \ldots\right) \cdot 2 \doteq 2N$$

Operationen erforderlich. Wir werden in Abschnitt 5.4 sehen, daß sich auch die Rekonstruktion von f aus den $c_{j,k}$ mit derselben Anzahl von Operationen bewerkstelligen läßt. Zum Vergleich: Die Multiplikation eines Datenvektors der Länge N mit einer N-reihigen Matrix erfordert $O(N^2)$ Operationen.

1.6 Das Haar-Wavelet

Der hier vorgefundene algorithmische Sachverhalt ist nicht eine Besonderheit des Haar-Wavelets; vielmehr ist er bei allen Mutter-Wavelets ψ garantiert, die wie ψ_{Haar} eine Multiskalen-Analyse zulassen, siehe dazu 5.4: Algorithmen.

Zum Schluß dieses Abschnitts müssen wir auf ein gewisses Paradoxon aufmerksam machen, das geeignet ist, den Novizen zu verunsichern. Alle Waveletfunktionen $\psi_{r,k}$ (auch diejenigen, die wir erst später kennenlernen) haben Mittelwert 0:

$$\int_{-\infty}^{\infty} \psi_{r,k}(t)\,dt = 0 \qquad (r,\,k \in \mathbb{Z})\,.$$

Wie kann man mit derartigen Funktionen etwa das in Bild 1.18 dargestellte f approximieren?

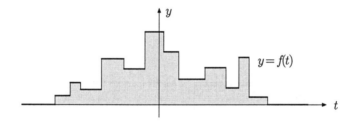

Bild 1.18

Nun, die Approximation $\Psi_r \to f$ $(r \to \infty)$ erfolgt in L^2, in vielen praktischen Fällen sogar punktweise, aber *nicht in L^1*. Letzteres läßt sich exakt folgendermaßen einsehen: Das Funktional

$$\iota \colon L^1 \to \mathbb{C}, \qquad f \mapsto \int_{-\infty}^{\infty} f(t)\,dt$$

ist stetig auf L^1, und für eine positive Funktion f ist auch $\iota(f) > 0$. Trotzdem gilt $\iota(\Psi_r) = 0$ für alle approximierenden Funktionen Ψ_r.

Was in Wirklichkeit passiert, können wir am einfachsten an dem folgenden Beispiel untersuchen: Wir approximieren die Funktion

$$\phi(x) := \begin{cases} 1 & (0 \leq x < 1) \\ 0 & (\text{sonst}) \end{cases}$$

mit Hilfe des im Beweis von Satz **(1.1)** verwendeten Algorithmus, wobei wir anstelle der $\psi_{r,k}$ aus (2) die Waveletfunktionen

$$\tilde{\psi}_{r,k}(t) := \psi_{\text{Haar}}\left(\frac{t - k \cdot 2^r}{2^r}\right)$$

zugrundelegen, d.h. auf die Normierung verzichten. Wir führen noch die Funktionen

$$g_r(t) := \begin{cases} 1 & (0 \leq t < 2^r) \\ 0 & (\text{sonst}) \end{cases} \quad (r \geq 0)$$

ein; sie sind mit den $\tilde{\psi}_{r,k}$ verknüpft durch die Rekursionsformel

$$g_r = \frac{1}{2}\tilde{\psi}_{r+1,0} + \frac{1}{2}g_{r+1},$$

die man ohne weiteres anhand von Bild 1.19 verifiziert. Mit vollständiger Induktion folgt hieraus

$$\phi = g_0 = \sum_{j=1}^{r} \frac{1}{2^j} \tilde{\psi}_{j,0} + \frac{1}{2^r} g_r \quad (r \geq 0).$$

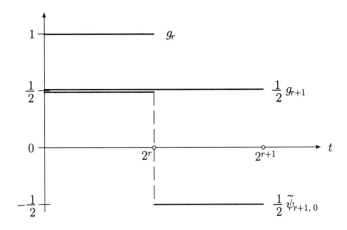

Bild 1.19

Hier ist die Summe rechter Hand gerade die Approximante Ψ_r, während $f_r := g_r/2^r$ auf dem Intervall $I_{r,0}$ konstant ist und somit den unerledigten Rest darstellt. Wir sehen: Die zu approximierende Funktion ϕ hat zwar den Träger $[0,1[$, die Träger der Approximanten Ψ_r sind aber immer weiter ausgebreitet, und die aus „Mittelwertsgründen" notwendige Diskrepanz zwischen ϕ und den Ψ_r wird über einen immer größeren Bereich verschmiert: Ψ_r hat den Wert $1-\frac{1}{2^r}$ auf dem Intervall $[0,1[$ und den Wert $-\frac{1}{2^r}$ auf dem Intervall $[1,2^r[$. Wie erwartet, gilt

$$\int_{-\infty}^{\infty} f_r(t)dt = 1 = \int_{-\infty}^{\infty} \phi(t)dt \quad \forall r,$$

und in Übereinstimmung mit (6) haben wir

$$\int_{-\infty}^{\infty} |f_r(t)|^2 dt = 2^r \cdot \left(\frac{1}{2^r}\right)^2 = \frac{1}{2^r} \to 0 \quad (r \to \infty);$$

1.6 Das Haar-Wavelet

endlich gilt auch

$$\lim_{r\to\infty}\left|\phi(t)-\Psi_r(t)\right|=\lim_{r\to\infty}|f_r(t)|=0\qquad\forall t\,,$$

letzteres sogar gleichmäßig in t.

2 Fourier-Analysis

Das Hauptwerkzeug zum Aufbau der Wavelet-Theorie ist die Fourier-Analysis. Wir benötigen sowohl die wichtigsten Formeln und Sätze über Fourier-Reihen als auch die Grundlagen der Fourier-Transformation auf $\mathbb{R}$. Diese Dinge werden in den folgenden Abschnitten im Sinne eines Repetitoriums zusammengestellt, damit wir später ohne weiteres darauf zugreifen können. Für die zugehörigen Beweise verweisen wir auf die entsprechenden Lehrbücher, zum Beispiel [2], [5], [10], [15]. In den Abschnitten 2.3 und 2.4 behandeln wir die Heisenbergsche Unschärferelation und das Abtast-Theorem von Shannon. Diese beiden Sätze der Fourier-Analysis handeln von „letztgültigen" Grenzen der Signaltheorie und stehen damit auch im Hintergrund von allen Wavelet-Bemühungen.

2.1 Fourier-Reihen

Wir legen den Funktionenraum $L_\circ^2 := L^2(\mathbb{R}/2\pi)$ zugrunde. Die Punkte dieses Raums sind meßbare Funktionen $f \colon \mathbb{R} \to \mathbb{C}$, die 2π-periodisch sind:

$$f(t + 2\pi) = f(t) \quad \forall t \in \mathbb{R},$$

und für die das Integral

$$\frac{1}{2\pi} \int_0^{2\pi} |f(t)|^2 \, dt$$

endlich ist. Genaugenommen besteht $L_\circ^2$ aus Äquivalenzklassen von derartigen Funktionen: Zwei Funktionen f und g, die sich nur auf einer Nullmenge von t-Werten unterscheiden, werden als ein und derselbe Punkt von $L_\circ^2$ angesehen. Das hat unter anderem folgende Konsequenz: Eine Funktion $f \in L_\circ^2$, über die man nichts Näheres weiß, hat in individuellen Punkten keine wohlbestimmten Funktionswerte; unter diesen Umständen hat es also keinen Sinn, z.B. von $f(0)$ zu sprechen. Hingegen sind beliebige Integrale $\int_a^b f(t) \, dt$ wohldefiniert. Daran muß man sich gewöhnen. Durch

$$\langle f, g \rangle := \frac{1}{2\pi} \int_0^{2\pi} f(t) \, \overline{g(t)} \, dt$$

wird auf $L_\circ^2$ ein *Skalarprodukt* erklärt. Zu diesem Skalarprodukt gehört die *Norm*

$$\|f\| := \sqrt{\langle f, f \rangle} = \left(\frac{1}{2\pi} \int_0^{2\pi} |f(t)|^2 \, dt \right)^{1/2}$$

2.1 Fourier-Reihen

und die Distanzmessung
$$d(f,g) := \|f - g\| \ .$$

Bezüglich dieser *Metrik* $d(\cdot, \cdot)$ ist L_o^2 ein vollständiger metrischer Raum. Alles in allem (L_o^2 ist ja auch noch ein Vektorraum über $\mathbb{C}$) ist L_o^2 ein sogenannter *Hilbertraum*.

Die Funktionen
$$\mathbf{e}_k: \quad t \mapsto e^{ikt} = \cos(kt) + i\sin(kt) \qquad (k \in \mathbb{Z})$$

sind 2π-periodisch und bilden wegen

$$\langle \mathbf{e}_j, \mathbf{e}_k \rangle = \frac{1}{2\pi} \int_0^{2\pi} e^{i(j-k)t} \, dt = \begin{cases} 1 & (j = k) \\ \dfrac{1}{2\pi(j-k)} \, e^{i(j-k)t} \Big|_0^{2\pi} = 0 & (j \neq k) \end{cases}$$

ein Orthonormalsystem in L_o^2.

Jedes $f \in L_o^2$ besitzt *Fourier-Koeffizienten*

$$c_k := \widehat{f}(k) := \langle f, \mathbf{e}_k \rangle = \frac{1}{2\pi} \int_0^{2\pi} f(t) \, e^{-ikt} \, dt \qquad (k \in \mathbb{Z}) \ . \tag{1}$$

Die c_k sind nichts anderes als die Koordinaten von f bezüglich der „orthonormalen Basis" $(\mathbf{e}_k \,|\, k \in \mathbb{Z})$, vgl. die analogen Formeln im euklidischen Raum $\mathbb{R}^n$. Relativ leicht zu beweisen ist das *Riemann-Lebesgue-Lemma*

(2.1)
$$\lim_{k \to \pm\infty} c_k = 0 \ .$$

Das zentrale Resultat der L_o^2-Theorie ist jedoch die *Parsevalsche Formel*. Sie drückt aus, daß das Skalarprodukt von zwei beliebigen Funktionen f und $g \in L_o^2$ mit dem „formalen Skalarprodukt" der zugehörigen Koeffizientenvektoren $\widehat{f}$ und $\widehat{g}$ übereinstimmt:

(2.2) *Für beliebige f und $g \in L_o^2$ gilt*

$$\sum_{k=-\infty}^{\infty} \widehat{f}(k) \, \overline{\widehat{g}(k)} = \langle f, g \rangle \ ;$$

insbesondere ist $\sum_{k=-\infty}^{\infty} |c_k|^2 = \|f\|^2$.

Die mit den Fourier-Koeffizienten von f gebildete Reihe

$$\sum_{k=-\infty}^{\infty} c_k \, \mathbf{e}_k \tag{2}$$

heißt *(formale) Fourier-Reihe* von f. Daß diese Reihe zu der Ausgangsfunktion f gehört, wird gelegentlich durch die Formel

$$f(t) \rightsquigarrow \sum_k c_k \, e^{ikt} \qquad (3)$$

ausgedrückt. Die zur Elementargeometrie bestehenden Analogien lassen die Hoffnung aufkommen, daß die Reihe (2) die Funktion f in gewissem Sinne „darstellt". Hierüber läßt sich folgendes sagen:

Die Reihe (2) besitzt Partialsummen

$$s_N(t) := \sum_{k=-N}^{N} c_k \, e^{ikt} \ .$$

Wie schon in Abschnitt 1.2 bemerkt, ist s_N die Orthogonalprojektion von f auf den $(2N+1)$-dimensionalen Unterraum

$$U_N := \mathrm{span}(\mathbf{e}_{-N}, \ldots, 1, \ldots, \mathbf{e}_N) \subset L_\circ^2 \ ;$$

insbesondere steht s_N senkrecht auf $f - s_N$, siehe Bild 1.3. Hieraus folgt nach dem Satz von Pythagoras

$$\|f - s_N\|^2 = \|f\|^2 - \|s_N\|^2 = \|f\|^2 - \sum_{k=-N}^{N} |c_k|^2 \ .$$

Mit **(2.2)** ergibt sich daher $\lim_{N\to\infty} \|f - s_N\|^2 = 0$, in Worten:

(2.3) *Die formale Fourier-Reihe einer Funktion $f \in L_\circ^2$ konvergiert im Sinn der $L_\circ^2$-Metrik gegen f.*

Für praktische Zwecke benötigt man aber wesentlich mehr, nämlich einen Satz, der für hinreichend reguläre Funktionen die *punktweise* Konvergenz von $s_N(t)$ gegen $f(t)$ garantiert. Das tiefste Resultat in dieser Richtung ist der folgende *Satz von Carleson* (1966). Sein Beweis ist so schwierig, daß er bis heute keine Aufnahme in die handelsüblichen Analysis-Lehrbücher gefunden hat. Da wir den Satz gelegentlich benötigen, führen wir ihn hier an:

(2.4) *Die Partialsummen $s_N(t)$ einer Funktion $f \in L_\circ^2$ konvergieren für fast alle t gegen $f(t)$.*

Einfacher zu beweisen sind die folgenden Sätze. Darin erscheint als weiterer Begriff die Variation einer Funktion $f \colon \mathbb{R}/2\pi \to \mathbb{C}$ (gemeint ist eine tatsächliche Funktion, nicht eine Äquivalenzklasse). Dieser Begriff ist wie folgt erklärt: Man betrachtet beliebige Einteilungen

$$\mathcal{T}: \quad 0 = t_0 < t_1 < t_2 < \ldots < t_n = 2\pi$$

2.1 Fourier-Reihen

des Intervalls $[0, 2\pi]$ und bildet zugehörige Inkrementsummen

$$V_{\mathcal{T}}(f) := \sum_{k=1}^{n} |f(t_k) - f(t_{k-1})|$$

(die Inkrement*beträge* werden aufaddiert!). Die *(totale) Variation* $V(f)$ der 2π-periodischen Funktion f ist das Supremum dieser Summen über alle Teilungen $\mathcal{T}$. Ist $V(f) < \infty$, so sagt man, f sei *von beschränkter Variation*. Man kann die Funktion $t \mapsto f(t)$ als Parameterdarstellung einer geschlossenen Kurve γ in der komplexen Ebene interpretieren. Die Größe $V(f)$ ist dann gerade die Länge $L(\gamma)$ dieser Kurve. Ist f zum Beispiel stückweise stetig differenzierbar, so gilt

$$V(f) = L(\gamma) = \int_0^{2\pi} |f'(t)|\, dt < \infty .$$

(2.5) *Die Funktion $f\colon \mathbb{R}/2\pi \to \mathbb{C}$ sei stetig und von beschränkter Variation. Dann konvergieren die Partialsummen $s_N(t)$ mit $N \to \infty$ auf $\mathbb{R}/2\pi$ gleichmäßig gegen $f(t)$.*

Mit Hilfe des Variationsbegriffes läßt sich auch eine „quantitative Version" des Riemann-Lebesgue-Lemmas formulieren:

(2.6) *Es bezeichne $f^{(r)}$ die r-te Ableitung, $r \geq 0$, der Funktion $f\colon \mathbb{R}/2\pi \to \mathbb{C}$. Ist $f^{(r)}$ stetig und $V(f^{(r)}) =: V < \infty$, so gilt*

$$|c_k| \leq \frac{V}{2\pi\, |k|^{r+1}} \qquad \forall\, k \neq 0 .$$

In Worten: Je glatter die Funktion f, desto schneller gehen die c_k mit $k \to \pm\infty$ gegen 0. Dieser Satz läßt sich gewissermaßen umkehren:

(2.7) *Genügen die Koeffizienten c_k einer Abschätzung der Form*

$$c_k = O\!\left(\frac{1}{|k|^{r+1+\varepsilon}}\right) \qquad (|k| \to \infty)$$

für ein $\varepsilon > 0$, so ist die Funktion $f(t) := \sum_k c_k\, e^{ikt}$ mindestens r-mal stetig differenzierbar.

⌐ Wird die angeschriebene Reihe p-mal gliedweise differenziert, so resultiert

$$\sum_k c_k (ik)^p\, e^{ikt} .$$

Wegen
$$c_k (ik)^p = O\Big(\frac{1}{|k|^{r-p+1+\varepsilon}}\Big) \qquad (|k| \to \infty)$$
ist die so erhaltene Reihe gleichmäßig konvergent (gegen eine stetige Funktion), solange $p \leq r$. Für diese p stellt sie dann gerade $f^{(p)}$ dar, womit $f \in C^r$ erwiesen ist. ⌟

Der in (**2.6**) und (**2.7**) beschriebene Sachverhalt wird auch bei der Fourier-Analysis auf $\mathbb{R}$ manifest (und hat einschneidende Konsequenzen für die Glattheit unserer Wavelets); wir werden darauf zurückkommen.

Zum Schluß geben wir noch die bei beliebiger Periodenlänge $L > 0$ maßgebenden Formeln für die Fourier-Koeffizienten und die Gestalt der Fourier-Reihe an; sie müssen für $L := 2\pi$ in die Formeln (1) und (3) übergehen.

(**2.8**) *Es sei* $f \colon \mathbb{R} \to \mathbb{C}$ *eine periodische Funktion mit Periode* $L > 0$, *und es sei* $\int_0^L |f(x)|^2 \, dx < \infty$. *Dann gilt*

$$f(x) \rightsquigarrow \sum_{k=-\infty}^{\infty} c_k \, e^{2k\pi ix/L}, \qquad c_k := \frac{1}{L} \int_0^L f(x) \, e^{-2k\pi ix/L} \, dx, \qquad (4)$$

und es ist

$$\sum_{k=-\infty}^{\infty} |c_k|^2 = \frac{1}{L} \int_0^L |f(x)|^2 \, dx \,.$$

⌜ Die Funktion $g(t) := f\big(\frac{L}{2\pi}t\big)$ ist 2π-periodisch; die Beziehungen (4) ergeben sich daher durch eine einfache Variablensubstitution. Aufgrund von (**2.2**) muß für L-periodische Funktionen eine Formel der Gestalt

$$\sum_{k=-\infty}^{\infty} |c_k|^2 = C \int_0^L |f(x)|^2 \, dx$$

gelten. Für die spezielle Funktion $f(t) :\equiv 1$ ist $c_k = \delta_{0k}$ (Kronecker-Delta), woraus man auf $C = \frac{1}{L}$ schließt. ⌟

2.2 Fourier-Transformation auf $\mathbb{R}$

Vereinbarung: Ab sofort und bis zum Ende dieses Buches bezeichnet $\int$ ohne Angabe der Integrationsgrenzen das über die ganze reelle Achse erstreckte Integral bezüglich des Lebesgue-Maßes auf $\mathbb{R}$:

$$\int f(t)\,dt := \int_{-\infty}^{\infty} f(t)\,dt\ .$$

Für die Fourier-Analysis auf $\mathbb{R}$ gibt es nicht nur *eine* Theorie, sondern mindestens deren drei. Es kommt nämlich darauf an, welcher Funktionenraum zugrundegelegt wird. Dabei geht es immer um Funktionen

$$f\colon\ \mathbb{R} \to \mathbb{C}\,, \qquad (1)$$

derartige Funktionen wollen wir im weiteren *Zeitsignale* nennen.

Der Raum L^1 besteht aus den meßbaren Funktionen (1), genau: Äquivalenzklassen von solchen Funktionen, für die das Integral

$$\int |f(t)|\,dt =: \|f\|_1$$

($_1$ ist Bezeichnungsindex!) endlich ist, und analog der Raum L^2 aus den Funktionen (1), für die das Integral

$$\int |f(t)|^2\,dt =: \|f\|^2$$

(^{2} ist Exponent!) endlich ist. Der dritte im Bunde ist der sogenannte *Schwartzsche Raum* $\mathcal{S}$; er besteht aus den Funktionen (1) mit folgenden Eigenschaften: f ist beliebig oft differenzierbar, in Zeichen: $f \in C^\infty(\mathbb{R})$, und sämtliche Ableitungen von f gehen mit $|t| \to \infty$ schneller als jede Potenz $1/|t|^n$ gegen 0. Beispiele für derartige Funktionen sind

$$t \mapsto e^{-ct^2}\ (c > 0)\,, \qquad t \mapsto \frac{1}{\cosh t}\ .$$

Über die zwischen diesen Räumen bestehenden Inklusionen gibt Bild 2.1 Aufschluß. Die Wavelets von praktischer Bedeutung gehören jedenfalls dem Durchschnitt $L^1 \cap L^2$ an, so daß für sie sowohl die L^1- wie die L^2-Theorie verfügbar ist. Der berühmte „Mexikanerhut" (Bild 3.4) liegt sogar in $\mathcal{S}$.

Die *Fourier-Transformierte* $\widehat{f}$ einer Funktion $f \in L^1$ ist definiert durch das Integral

$$\widehat{f}(\xi) := \frac{1}{\sqrt{2\pi}} \int f(t)\,e^{-i\xi t}\,dt \qquad (\xi \in \mathbb{R})\ . \qquad (2)$$

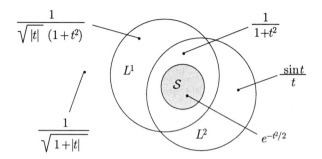

Bild 2.1

Die Definition von $\widehat{f}$ ist in der Literatur nicht einheitlich. Anstelle des hier angegebenen Integrals findet man auch

$$\int f(t)\, e^{-i\xi t}\, dt\,, \qquad \int f(t)\, e^{-2\pi i\xi t}\, dt$$

und weitere. Inhaltlich ändert sich dadurch natürlich nichts, nur die Formeln sehen etwas anders aus.

Für ein gegebenes $\xi \in \mathbb{R}$ läßt sich der (wohlbestimmte) Wert $\widehat{f}(\xi)$ folgendermaßen interpretieren: $\widehat{f}(\xi)$ stellt die komplexe Amplitude dar, mit der die reine Schwingung $\mathbf{e}_\xi$ in f vertreten ist. Das folgende Gedankenexperiment soll das veranschaulichen: Betrachte ein Signal f, dessen Wert $f(t)$ während eines längeren Zeitintervalls I mit der Kreisfrequenz ξ um den Ursprung herumläuft, während der restlichen Zeit aber kaum messbar ist. Dann ist $\arg\bigl(f(t)\, e^{-i\xi t}\bigr)$ auf I ziemlich konstant, und das Integral

$$\int_I f(t)\, e^{-i\xi t}\, dt$$

erhält einen großen Betrag, da sich beim Aufsummieren kaum etwas weghebt. Das Restintegral

$$\int_{\mathbb{R}\setminus I} f(t)\, e^{-i\xi t}\, dt$$

wird daran nicht mehr viel ändern, da sich der Signalwert $f(t)$ auf $\mathbb{R}\setminus I$, im Gegensatz zum schnell und harmonisch oszillierenden $\mathbf{e}_\xi$, kaum noch bewegt, so daß sich beim Aufsummieren das meiste wegheben wird.

(2.9) *Die Fourier-Transformierte $\widehat{f}$ einer Funktion $f \in L^1$ ist automatisch stetig; überdies gilt*

$$\lim_{\xi \to \pm\infty} \widehat{f}(\xi) = 0\,.$$

Daß $\widehat{f}$ „im Unendlichen verschwindet", ist nichts anderes als die FT-Version des Riemann-Lebesgue-Lemmas **(2.1)**.

2.2 Fourier-Transformation auf ℝ

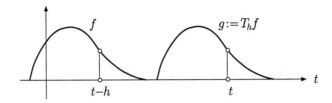

Bild 2.2

Wir leiten nun einige Rechenregeln her. Für Zeitsignale f und beliebiges $h \in \mathbb{R}$ ist $T_h f$ definiert durch
$$T_h f(t) := f(t - h) \ .$$
Ist $h > 0$, so bewirkt T_h eine Verschiebung des Graphen von f um h nach rechts, siehe Bild 2.2. Es sei nun $f \in L^1$ und $g(t) := T_h f(t)$. Dann berechnet sich die Fourier-Transformierte von g zu
$$\widehat{g}(\xi) = \frac{1}{\sqrt{2\pi}} \int f(t-h) \, e^{-i\xi t} \, dt = \frac{1}{\sqrt{2\pi}} \int f(t') \, e^{-i\xi(t'+h)} \, dt' = e^{-i\xi h} \, \widehat{f}(\xi) \ .$$
Wir haben daher die Formel

(R1) $\qquad (T_h f)\widehat{\ }(\xi) = e^{-i\xi h} \, \widehat{f}(\xi) ,$

in Worten: Wird f um h nach rechts verschoben, so nimmt $\widehat{f}$ den Faktor $\mathbf{e}_{-h}$ auf.

Wir betrachten weiter ein beliebiges Signal $f \in L^1$ und modulieren f mit der reinen Schwingung $\mathbf{e}_\omega$. Es resultiert die Funktion $g(t) := e^{i\omega t} f(t)$. Ihre Fourier-Transformierte berechnet sich zu
$$\widehat{g}(\xi) = \frac{1}{\sqrt{2\pi}} \int e^{i\omega t} f(t) \, e^{-i\xi t} \, dt = \frac{1}{\sqrt{2\pi}} \int f(t) e^{-i(\xi-\omega)t} \, dt = \widehat{f}(\xi - \omega) \ .$$
Es gilt also die zu (R1) „duale" Formel

(R2) $\qquad (\mathbf{e}_\omega f)\widehat{\ }(\xi) = \widehat{f}(\xi - \omega) ;$

in Worten: Wird f mit $\mathbf{e}_\omega$ moduliert, so verschiebt sich $\widehat{f}$ um ω auf der ξ-Achse.

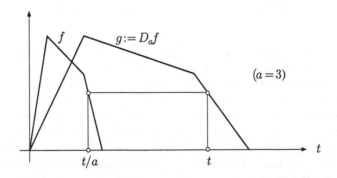

Bild 2.3

Im Zusammenhang mit Wavelets spielen nun auch Dilatationen der Zeitachse eine fundamentale Rolle. Wir müssen daher untersuchen, wie sich die Fourier-Transformation gegenüber der Operation D_a verhält, die für beliebiges $a \in \mathbb{R}^*$ wie folgt definiert ist:

$$D_a f(t) := f\left(\frac{t}{a}\right).$$

Die Wirkung von D_a auf den Graphen eines Signals f ist in Bild 2.3 für den Fall $a := 3$ dargestellt. Ist $|a| > 1$, so wird $\mathcal{G}(f)$ in die Breite gezogen, und für $|a| < 1$ wird $\mathcal{G}(f)$ horizontal gestaucht. Ist $a < 0$, so wird $\mathcal{G}(f)$ überdies an der vertikalen Achse gespiegelt. Es sei also $g(t) := D_a f(t)$. Zur Berechnung von $\hat{g}$ verwenden wir natürlich die Substitution

$$t := a\,t' \quad (t' \in \mathbb{R}), \qquad da = |a|\,dt'$$

(Betrag der Funktionaldeterminante!). Es ergibt sich nacheinander

$$\hat{g}(\xi) = \frac{1}{\sqrt{2\pi}} \int f\left(\frac{t}{a}\right) e^{-i\xi t}\, dt = \frac{|a|}{\sqrt{2\pi}} \int f(t')\, e^{-i\xi a t'}\, dt' = |a|\, \hat{f}(a\,\xi).$$

Alles in allem haben wir die Formel

(R3) $$(D_a f)\hat{\,}(\xi) = |a|\, D_{\frac{1}{a}} \hat{f}(\xi) \qquad (a \in \mathbb{R}^*)$$

bewiesen. Für die Graphen von f und $\hat{f}$ bedeutet das folgendes: Wird der Graph von f mit dem Faktor $a > 1$ in die Breite gezogen, so wird der Graph von $\hat{f}$ mit dem Faktor $\frac{1}{a} < 1$ horizontal gestaucht und zusätzlich mit dem Faktor $|a|$ vertikal gestreckt.

Für je zwei Funktionen f und $g \in L^1$ ist das *Faltungsprodukt* $f * g$ definiert durch

$$f * g(x) := \int f(x-t)\, g(t)\, dt \qquad (x \in \mathbb{R}).$$

Das Objekt $f * g$ ist jedenfalls in L^1 und zunächst nur eine Äquivalenzklasse von Funktionen. In den meisten Anwendungsfällen ist $f * g$ eine tatsächliche Funktion mit wohlbestimmten Werten, und zwar ist $f * g$ mindestens so glatt wie die „schönere" der beiden Funktionen f und g. Eine typische Anwendung der Faltung ist die sogenannte *Regularisierung* einer gegebenen Funktion f mit Hilfe von glatten Buckelfunktionen $g_\varepsilon \in C^\infty$. Die g_ε haben Totalmasse $\int g_\varepsilon(t)\, dt = 1$ und sind außerhalb des Intervalls $[-\varepsilon, \varepsilon]$ identisch 0, siehe Bild 2.4. Der Funktionswert $f * g_\varepsilon(x)$ läßt sich dann interpretieren als ein gewogenes Mittel der Funktionswerte von f in einer ε-Umgebung von x; die C^∞-Funktion $f_\varepsilon := f * g_\varepsilon$ ist daher eine „ε-verschmierte" Version von f.

2.2 Fourier-Transformation auf $\mathbb{R}$

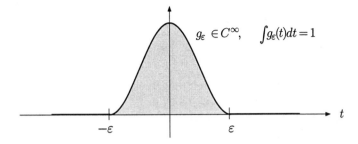

Bild 2.4

Mit Hilfe des Satzes von Fubini (über die Vertauschbarkeit der Integrationsreihenfolge) können wir nun leicht die Fourier-Transformierte von $f * g$ berechnen:

$$(f * g)^\wedge(\xi) = \frac{1}{\sqrt{2\pi}} \int \left(\int f(x-t)\, g(t)\, dt \right) e^{-i\xi x}\, dx$$

$$= \frac{1}{\sqrt{2\pi}} \int_{\mathbb{R} \times \mathbb{R}} f(x-t) g(t)\, e^{-i\xi x}\, d(x,t)$$

$$= \frac{1}{\sqrt{2\pi}} \int g(t) \left(\int f(x-t)\, e^{-i\xi x}\, dx \right) dt \ .$$

Hier hat das innere Integral nach (R1) den Wert $\sqrt{2\pi}\, e^{-i\xi t} \hat{f}(\xi)$, wobei nur der Faktor $e^{-i\xi t}$ noch von t abhängt, so daß wir weiterfahren können mit

$$\ldots = \sqrt{2\pi}\, \hat{f}(\xi) \frac{1}{\sqrt{2\pi}} \int g(t)\, e^{-i\xi t}\, dt \ .$$

Damit erhalten wir den sogenannten *Faltungssatz*

$$(2.10) \qquad (f * g)^\wedge(\xi) = \sqrt{2\pi}\, \hat{f}(\xi)\, \hat{g}(\xi) \ .$$

In Worten: Die Fourier-Transformation verwandelt das Faltungsprodukt in ein gewöhnliches, d.h. punktweises Produkt.

Nun zur L^2-Theorie. Auf L^2 ist ein *Skalarprodukt* erklärt vermöge

$$\langle f, g \rangle := \int f(t)\, \overline{g(t)}\, dt \ . \tag{3}$$

Für je zwei Funktionen $f, g \in L^2$ ist $\langle f, g \rangle$ eine wohlbestimmte komplexe Zahl. Jedes $f \in L^2$ besitzt eine endliche 2-Norm, kurz: *Norm*,

$$\|f\| := \sqrt{\langle f, f \rangle} = \left(\int |f(t)|^2\, dt \right)^{1/2},$$

und es gilt die *Schwarzsche Ungleichung*

$$|\langle f,g\rangle| \leq \|f\|\,\|g\| \, . \tag{4}$$

L^2 ist wie $L_\circ^2$ ein Hilbertraum. Für ein allgemeines $f \in L^2$ braucht das Fourier-Integral (2) nicht zu existieren: Da $\mathbf{e}_\xi$ nicht in L^2 liegt, kann man dieses Integral nicht als Skalarprodukt $\frac{1}{\sqrt{2\pi}}\langle f, \mathbf{e}_\xi\rangle$ auffassen. Nun ist aber die Teilmenge $X := L^1 \cap L^2$ dicht in L^2. Dies ermöglicht, die auf X formelmäßig definierte Fourier-Transformation

$$\mathcal{F}\colon\quad f \mapsto \widehat{f}$$

auf ganz L^2 auszudehnen, wobei allerdings das Bild $\widehat{f} = \mathcal{F}(f)$ einer Funktion $f \in L^2 \setminus X$ nur „im Limes" erschlossen werden kann. Im einzelnen stellt sich folgendes heraus: Die Fourier-Transformierte $\widehat{f}$ einer Funktion $f \in L^2$, über die man nichts Näheres weiß, ist wieder ein L^2-Objekt, d.h. eine Äquivalenzklasse von Funktionen, und besitzt in individuellen Punkten $\xi \in \mathbb{R}$ keine wohlbestimmten Funktionswerte. Als Abbildung

$$\mathcal{F}\colon\quad L^2 \to L^2$$

ist die Fourier-Transformation aber wohldefiniert und bijektiv (ein Wunder!), ja mehr noch: $\mathcal{F}$ ist eine Isometrie bezüglich des Skalarprodukts (3). Es gilt nämlich die *Formel von Parseval-Plancherel*:

(2.11) *Für beliebige f, $g \in L^2$ ist*

$$\langle \widehat{f}, \widehat{g}\rangle = \langle f, g\rangle \, ,$$

oder ausführlich:

$$\int \widehat{f}(\xi)\,\overline{\widehat{g}(\xi)}\,d\xi = \int f(t)\,\overline{g(t)}\,dt \, .$$

Insbesondere gilt

$$\|\widehat{f}\|^2 = \|f\|^2 \qquad \text{bzw.} \qquad \int |\widehat{f}(\xi)|^2\,d\xi = \int |f(t)|^2\,dt \, .$$

Eine periodische Ausgangsfunktion f läßt sich aus ihren Fourier-Koeffizienten $c_k = \widehat{f}(k)$ wieder zurückerhalten: durch Aufsummieren der Fourier-Reihe. In analoger Weise gibt es auch bei der Fourier-Transformation eine *Umkehrformel*, die $\widehat{f}$ als Input akzeptiert und das Ausgangssignal f über einen Summationsprozeß zurückliefert. Die Lehrbücher der Fourier-Analysis untersuchen, unter welchen möglichst schwachen Voraussetzungen über f eine derartige Formel gilt. Wir notieren hier die folgende Version:

2.2 Fourier-Transformation auf $\mathbb{R}$

(2.12) Ist $f \in L^1$ und $\widehat{f} \in L^1$, so gilt

$$f(t) = \frac{1}{\sqrt{2\pi}} \int \widehat{f}(\xi)\, e^{i\xi t}\, d\xi$$

fast überall, insbesondere in allen Stetigkeitspunkten t von f.

Man kann diese Formel abstrakt in der Form

$$f = \frac{1}{\sqrt{2\pi}} \int d\xi\, \widehat{f}(\xi)\, \mathbf{e}_\xi$$

schreiben und folgendermaßen interpretieren: Das Ausgangssignal f ist eine Linearkombination von reinen Schwingungen aller möglichen Kreisfrequenzen $\xi \in \mathbb{R}$, und zwar ist die Schwingung $\mathbf{e}_\xi$ mit der komplexen Amplitude $\widehat{f}(\xi)$ in f vertreten.

In Satz (2.12) wurden nicht nur über das Ausgangsssignal f, sondern auch über $\widehat{f}$ Voraussetzungen gemacht. Das bringt uns auf die Frage: Wie hängen die Eigenschaften (Stetigkeit, Abklingverhalten usw.) von $\widehat{f}$ mit denjenigen von f zusammen? Diesbezüglich kann man generell folgendes sagen: Je regulärer, das heißt: je glatter, das Zeitsignal f ist, desto schneller geht $\widehat{f}(\xi)$ mit $|\xi| \to \infty$ gegen 0. Und dual dazu: Je schneller das Ausgangssignal $f(t)$ mit $|t| \to \infty$ gegen 0 geht, desto regulärer ist $\widehat{f}$. Eine Funktion f im Schwartzschen Raum $\mathcal{S}$ ist „superglatt", folglich klingt $\widehat{f}$ „superschnell" ab; und f klingt auch (mitsamt allen seinen Ableitungen) „superschnell" ab, deshalb ist $\widehat{f}$ „superglatt". Alles in allem ergibt sich, daß $\mathcal{F}$, eingeschränkt auf $\mathcal{S}$, diesen Raum bijektiv auf sich selbst abbildet.

Wir wollen das eben beschriebene allgemeine Prinzip noch etwas präziser, eben quantitativ, formulieren. Die „Regularität" einer Funktion wird am einfachsten ausgedrückt durch die Anzahl Male, die sie stetig differenziert werden kann. Das bringt uns dazu, zunächst einmal das Zusammenspiel von Fourier-Transformation und Ableitung zu untersuchen.

Es sei $f \in C^1$, und sowohl f wie f' sollen integrabel, d.h. in L^1, sein. Dann gilt jedenfalls $\lim_{t \to \pm\infty} f(t) = 0$, und wir erhalten durch partielle Integration

$$\int f'(t)\, e^{-i\xi t}\, dt = f(t)\, e^{-i\xi t}\Big|_{t:=-\infty}^{\infty} + i\xi \int f(t)\, e^{-i\xi t}\, dt\ .$$

Es ergibt sich die Rechenregel

(R4) $$\widehat{f'}(\xi) = i\xi\, \widehat{f}(\xi)\,,$$

und so fortfahrend erhalten wir, jedenfalls formal, für beliebige $r \geq 0$:

$$\widehat{f^{(r)}}(\xi) = (i\xi)^r\, \widehat{f}(\xi)\,. \tag{5}$$

Das Signal f sei zum Beispiel r-mal stetig differenzierbar, und die Ableitungen $f^{(k)}$ ($0 \leq k \leq r$) seien in L^1. Dann ist die Formel (5) anwendbar, und mit Satz **(2.9)**, angewandt auf $f^{(r)}$, folgt

$$\lim_{\xi \to \pm\infty} |\xi|^r \widehat{f}(\xi) = 0 \, ,$$

in Worten: $\widehat{f}$ klingt mit $|\xi| \to \infty$ schneller ab als $1/|\xi|^r$. Ähnliches ergibt sich mit Satz **(2.11)**: Ist unter geeigneten Voraussetzungen über die $f^{(k)}$ ($0 \leq k \leq r$) das Integral $\int |f^{(r)}(t)|^2 \, dt < \infty$, so ist auch das Integral $\int |\xi|^{2r} |\widehat{f}(\xi)|^2 \, d\xi < \infty$.

Dual zu den eben angestellten Überlegungen betrachten wir jetzt rasch abklingende Signale f. Wir beginnen mit einem $f \in L^1$, das mit $|t| \to \infty$ so rasch abklingt, daß auch noch tf (gemeint ist die Funktion $t \mapsto t f(t)$) in L^1 ist. Dann gilt

$$\frac{\widehat{f}(\xi + h) - \widehat{f}(\xi)}{h} = \frac{1}{\sqrt{2\pi}} \int f(t) \, e^{-i\xi t} \, \frac{e^{-ith} - 1}{h} \, dt \, .$$

Hier genügt der Integrand

$$g_h(t) := f(t) \, e^{-i\xi t} \, \frac{e^{-ith} - 1}{h}$$

der Abschätzung

$$|g_h(t)| \leq |f(t)| \, |t| \qquad \forall \, h \neq 0 \, .$$

Nach dem Satz von Lebesgue (über den Grenzübergang unter dem Integralzeichen) existiert daher

$$(\widehat{f}\,)'(\xi) = \lim_{h \to 0} \frac{\widehat{f}(\xi + h) - \widehat{f}(\xi)}{h} = \frac{1}{\sqrt{2\pi}} \int f(t) \, e^{-i\xi t} (-it) \, dt \, .$$

Von rechts nach links gelesen ergibt sich die Rechenregel

(R5) $$(t f)\widehat{}(\xi) = i (\widehat{f}\,)'(\xi) \, ,$$

und wegen **(2.9)** ist $(\widehat{f}\,)'$ sogar stetig. Mit vollständiger Induktion folgt hieraus für beliebige $r \geq 1$:

(2.13) *Klingt $f \in L^1$ mit $|t| \to \infty$ so rasch ab, daß $\int |t|^r |f(t)| \, dt < \infty$ ausfällt, so ist die Fourier-Transformierte $\widehat{f}$ mindestens r-mal stetig differenzierbar, und es gilt*

$$(\widehat{f}\,)^{(r)}(\xi) = (-i)^r \, (t^r f)\widehat{}(\xi) \, . \tag{6}$$

Ein Extremfall liegt vor, wenn $f \in L^1$ sogar kompakten Träger hat. Ist $\mathrm{supp}(f) \subset [-b, b]$ und folglich (wir schreiben schon ζ anstelle von ξ)

$$\widehat{f}(\zeta) = \frac{1}{\sqrt{2\pi}} \int_{-b}^{b} f(t) \, e^{-i\zeta t} \, dt \, , \tag{7}$$

2.2 Fourier-Transformation auf $\mathbb{R}$

so wird $\widehat{f}$ eine ganze holomorphe Funktion der *komplexen* Variablen $\zeta = \xi + i\eta$. Für die Konvergenz des Fourier- Integrals (2) war ja wesentlich, daß der Faktor $e^{-i\xi t}$ für $t \to \pm\infty$ beschränkt bleibt, und dazu muß ξ reell sein. In dem Integral (7) über ein endliches Intervall können wir jedoch den Faktor $e^{-i\zeta t}$ für komplexes ζ wie folgt abschätzen:

$$\left|e^{-i\zeta t}\right| = \left|e^{-i(\xi+i\eta)t}\right| \leq e^{b|\eta|} \qquad (-b \leq t \leq b) .$$

Das Integral (7) ist daher für beliebige $\zeta \in \mathbb{C}$ konvergent, und es folgt ähnlich wie beim Beweis von (R5), daß man (7) nach der Variablen ζ komplex differenzieren kann. Überdies hat man für $\widehat{f}$ eine Abschätzung der Form

$$|\widehat{f}(\zeta)| \leq \frac{1}{\sqrt{2\pi}} \int_{-b}^{b} |f(t)| e^{|t\,\mathrm{Im}(\zeta)|}\, dt \leq C e^{b|\mathrm{Im}(\zeta)|} .$$

Die Größe des Trägers von f bestimmt also das Wachstumsverhalten der ganzen Funktion $\zeta \mapsto \widehat{f}(\zeta)$ in vertikaler Richtung.

Da sich $\widehat{f}$ in diesem Fall als ganze holomorphe Funktion erwiesen hat, ist es unmöglich, daß $\widehat{f}$ kompakten Träger besitzt, wenn das für f der Fall ist. Dual dazu hat man folgende Aussage: Ein bandbegrenztes Signal f (s.u.) kann nicht kompakten Träger haben.

Wir beschließen diesen Abschnitt mit einigen Beispielen.

① Es sei $a > 0$. Die Funktion $f := 1_{[-a,a]}$ besitzt die Fourier-Transformierte

$$\widehat{f}(\xi) = \frac{1}{\sqrt{2\pi}} \int_{-a}^{a} e^{-i\xi t}\, dt = \frac{1}{\sqrt{2\pi}} \frac{1}{-i\xi} e^{-i\xi t}\bigg|_{t:=-a}^{a} = \frac{1}{\sqrt{2\pi}} \frac{2}{\xi} \frac{e^{i\xi a} - e^{-i\xi a}}{2i}$$

$$= \sqrt{\frac{2}{\pi}} \frac{\sin(a\xi)}{\xi} \qquad (\xi \neq 0) .$$

An der Stelle $\xi = 0$ erhält man separat oder als $\lim_{\xi \to 0} \widehat{f}(\xi)$ den Wert

$$\widehat{f}(0) = \sqrt{\frac{2}{\pi}}\, a .$$

Wir verweisen dazu auf Bild 2.5. In der Signaltheorie ist die sogenannte *Sinc-Funktion* sehr verbreitet. Sie ist definiert durch

$$\mathrm{sinc}\,(x) := \begin{cases} \dfrac{\sin x}{x} & (x \neq 0) \\ 1 & (x = 0) \end{cases}$$

und ist eine ganze holomorphe Funktion von x. Unter Verwendung dieser Funktion können wir unser Resultat folgendermaßen schreiben:

$$\left(1_{[-a,a]}\right)\widehat{}(\xi) = \sqrt{\frac{2}{\pi}} a\, \mathrm{sinc}(a\xi) . \tag{8}$$

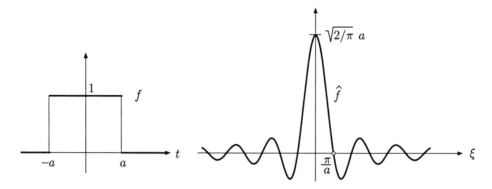

Bild 2.5

Zur Übung berechnen wir nocheinmal die Fourier-Transformierte des Haar-Wavelets (siehe Abschnitt 1.6). Im L^1-Sinn ist

$$\psi_{\text{Haar}} = 1_{[0,\frac{1}{2}]} - 1_{[\frac{1}{2},1]} = T_{\frac{1}{4}} 1_{[-\frac{1}{4},\frac{1}{4}]} - T_{\frac{3}{4}} 1_{[-\frac{1}{4},\frac{1}{4}]} \,,$$

somit folgt mit Hilfe der Regel (R1) aus (8):

$$\widehat{\psi}_{\text{Haar}}(\xi) = \sqrt{\frac{2}{\pi}} \left(e^{-i\xi/4} - e^{-3i\xi/4} \right) \cdot \frac{1}{4} \operatorname{sinc}\left(\frac{\xi}{4}\right)$$

$$= \frac{i}{\sqrt{2\pi}} e^{-i\xi/2} \frac{e^{i\xi/4} - e^{-i\xi/4}}{2i} \frac{\sin(\xi/4)}{\xi/4} = \frac{i}{\sqrt{2\pi}} e^{-i\xi/2} \frac{\sin^2(\xi/4)}{\xi/4} \,,$$

wie vorher.

Die Funktion

$$g(t) := 1_{[-a,a]}(t) \cdot e^{i\omega_0 t}$$

modelliert einen zum Zeitpunkt $t := -a$ plötzlich einsetzenden und zum Zeitpunkt $t := a$ wieder abgebrochenen Schwingungsvorgang der Frequenz ω_0. Die Fourier-Transformation behandelt diesen Vorgang als ein über die ganze Zeitachse ausgebreitetes Gesamtphänomen. Es ergibt sich nach der Regel (R2):

$$\widehat{g}(\xi) = \sqrt{\frac{2}{\pi}} \frac{\sin(a(\xi - \omega_0))}{\xi - \omega_0} \,.$$

Die Funktion $\widehat{g}$ hat, wie zu erwarten war, ein mehr oder weniger ausgeprägtes Maximum an der Stelle ω_0 (Bild 2.6). Wegen der Sprungstellen von g bei $t := \pm a$ klingt aber $|\widehat{g}|$ mit $|\xi| \to \infty$ nur langsam ab; $\widehat{g}$ ist nicht einmal in L^1. ○

2.2 Fourier-Transformation auf ℝ

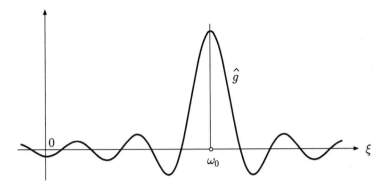

Bild 2.6

② Die Fourier-Transformierte der speziellen Funktion

$$g_0(t) := \mathcal{N}_{1,0}(t) := \frac{1}{\sqrt{2\pi}} e^{-t^2/2}$$

berechnet sich am einfachsten mit den Methoden der komplexen Funktionentheorie. Da g_0 reell und gerade ist, wird auch $\hat{g}_0$ eine reelle und gerade Funktion. Es genügt daher, für $\xi > 0$ zu argumentieren. Wir betrachten neben g_0 die in der ganzen z-Ebene holomorphe Funktion $f(z) := e^{-z^2/2}$ sowie das Rechteck R in Bild 2.7. Dabei wird es um den Grenzübergang $a \to \infty$ gehen, so daß wir von vornherein $a \geq \xi > 0$ annehmen dürfen, ξ ist fest.

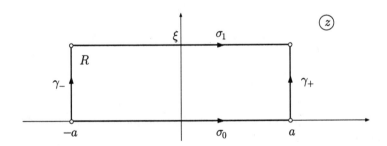

Bild 2.7

Nach dem Integralsatz von Cauchy ist $\int_{\partial R} f(z)\, dz = 0$ und folglich

$$\int_{\sigma_1} f(z)\, dz = \int_{\sigma_0} f(z)\, dz + \int_{\gamma_+} f(z)\, dz - \int_{\gamma_-} f(z)\, dz\,,$$

abgekürzt:

$$I_1 = I_0 + I_+ - I_-\,.$$

Für I_1 benutzen wir die Parameterdarstellung

$$\sigma_1: \quad t \mapsto z(t) := t + i\xi \quad (-a \leq t \leq a).$$

Es ergibt sich

$$I_1 = \int_{-a}^{a} \exp\left(-\frac{t^2 + 2i\xi t - \xi^2}{2}\right) dt = e^{\xi^2/2} \int_{-a}^{a} e^{-t^2/2} e^{-i\xi t} dt$$
$$= e^{\xi^2/2} \left(2\pi \widehat{g}_0(\xi) + o(1)\right) \quad (a \to \infty). \tag{9}$$

Das Integral I_0 schreiben wir in der Form

$$I_0 = \int_{-a}^{a} e^{-t^2/2} dt = \sqrt{2\pi} + o(1) \quad (a \to \infty), \tag{10}$$

wobei wir einen bekannten Integralwert benützt haben, der auch ohne Ausflug ins Komplexe erhältlich ist. Für die beiden letzten Integrale $I_\pm$ verwenden wir die Parameterdarstellung

$$\gamma_\pm: \quad t \mapsto z(t) := \pm a + it \quad (0 \leq t \leq \xi)$$

und erhalten

$$I_\pm = \int_0^\xi \exp\left(-\frac{a^2 \pm 2iat - t^2}{2}\right) i\, dt,$$

was sich wegen $a \geq \xi$ wie folgt abschätzen läßt:

$$|I_\pm| \leq \int_0^a \exp\left(-\frac{(a-t)(a+t)}{2}\right) dt \leq \int_0^a \exp\left(-\frac{a}{2}(a-t)\right) dt$$
$$= \ldots = \frac{2}{a}\left(1 - e^{-a^2/2}\right) = o(1) \quad (a \to \infty).$$

Dies beweist $I_1 = I_0 + o(1)$ $(a \to \infty)$; folglich ergibt sich aus (9) und (10) durch Vollzug des Grenzübergangs $a \to \infty$:

$$\widehat{g}_0(\xi) = \frac{1}{\sqrt{2\pi}} e^{-\xi^2/2}.$$

Die spezielle Funktion $\mathcal{N}_{1,0}$ wird also durch die Fourier-Transformation (auf der ξ-Achse) reproduziert.

Zum Schluß wollen wir die Fourier-Transformierte des „Wellenzuges"

$$g(t) := \mathcal{N}_{\sigma,0}(t)\cos(\omega_0 t) = \frac{1}{\sqrt{2\pi}\,\sigma}\exp\left(-\frac{t^2}{2\sigma^2}\right)\frac{e^{i\omega_0 t} + e^{-i\omega_0 t}}{2}$$

2.3 Die Heisenbergsche Unschärferelation

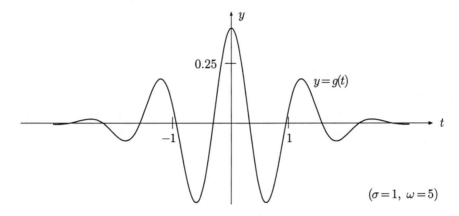

Bild 2.8

(Bild 2.8) berechnen. Hierzu verwenden wir unsere Rechenregeln. Zunächst ist $\mathcal{N}_{\sigma,0} = \frac{1}{\sigma} D_\sigma g_0$ und folglich wegen (R3):

$$\widehat{\mathcal{N}_{\sigma,0}}(\xi) = \frac{1}{\sigma} \sigma \left(D_{\frac{1}{\sigma}} \widehat{g}_0 \right)(\xi) = \frac{1}{\sqrt{2\pi}} e^{-\sigma^2 \xi^2/2} \ .$$

Damit ergibt sich nun mit (R2):

$$\widehat{g}(\xi) = \frac{1}{2}\left(e^{-\sigma^2(\xi-\omega_0)^2/2} + e^{-\sigma^2(\xi+\omega_0)^2/2} \right) \ .$$

Die Fourier-Transformierte des betrachteten „Wellenzuges" besitzt also Spitzen an den Stellen $\pm\omega_0$ der ξ-Achse, und zwar sind diese Spitzen um so ausgeprägter, je größer σ ist, das heißt: je mehr Vollschwingungen der Frequenz ω_0 tatsächlich stattfinden. ○

Für weitere explizite Formeln verweisen wir auf die umfangreichen Tabellen in [13].

2.3 Die Heisenbergsche Unschärferelation

Wir haben an verschiedenen Stellen notiert, daß ein Zeitsignal f und seine Fourier-Transformierte $\widehat{f}$ nicht gleichzeitig in einem kleinen Bereich der t- bzw. der ξ-Achse lokalisiert sein können:

- Schon die Skalierungsregel (R3) besagt, daß sich $\widehat{f}$ unter einer zeitlichen Kompression von f verflacht und entsprechend ausweitet.

- Die Fourier-Transformierte einer an den Stellen $\pm a$ abgebrochenen harmonischen Schwingung besitzt den Träger $\mathbb{R}$ und ist für $|\xi| \to \infty$ nicht einmal absolut integrierbar.
- Ein Zeitsignal mit kompaktem Träger kann nicht bandbegrenzt (s.u.) sein.
- Weitere Feststellungen in diesem Sinn, die der Leser selber machen mag.

Der quantitative Ausdruck des hier beschriebenen Sachverhalts ist die berühmte Heisenbergsche Unschärferelation, ein Satz der Fourier-Analysis, der in der Quantenmechanik eine wichtige Rolle spielt. Dort wird die Bewegung eines Teilchens „abstrakt" beschrieben durch eine Funktion $\psi \in \mathcal{S}$ (kein Zusammenhang mit unseren Wavelets); dabei stellt $f_X(x) := |\psi(x)|^2$ die Wahrscheinlichkeitsdichte für den Ort X dieses Teilchens und $f_P(\xi) := |\widehat{\psi}(\xi)|^2$ die entsprechende Dichte für dessen Impuls P dar. Die Unschärferelation besagt, daß diese beiden Dichten nicht gleichzeitig eine ausgeprägte Spitze haben können.

Dabei haben wir stillschweigend $\psi \in L^2$ und für die wahrscheinlichkeitstheoretische Interpretation

$$\|\psi\|^2 = \int f_X(x)\,dx = 1$$

angenommen. Die Größe

$$\int x^2 f_X(x)\,dx = \int x^2 |\psi(x)|^2\,dx =: \|x\psi\|^2$$

ist der Erwartungswert der Zufallsvariablen X^2 und damit ein Maß für die von 0 aus gemessene „horizontale Ausbreitung" der Funktion ψ. Analog ist

$$\int \xi^2 f_P(\xi)\,d\xi = \int \xi^2 |\widehat{\psi}(\xi)|^2\,d\xi =: \|\xi\widehat{\psi}\|^2$$

ein Maß für die Ausbreitung von $\widehat{\psi}$ über die ξ-Achse. Mi Hilfe dieser Größen läßt sich die *Heisenbergsche Unschärferelation* folgendermaßen formulieren:

(2.14) *Für beliebige Funktionen $\psi \in L^2$ gilt*

$$\|x\,\psi\| \cdot \|\xi\,\widehat{\psi}\| \geq \frac{1}{2} \|\psi\|^2 \,, \tag{1}$$

wobei hier die linke Seite auch den Wert ∞ annehmen kann. Das Gleichheitszeichen steht genau für die konstanten Vielfachen der Funktionen $x \mapsto e^{-cx^2}$, $c > 0$.

⌐ Ist $\|x\,\psi\| = \infty$ oder $\|\xi\,\widehat{\psi}\| = \infty$, so gibt es nichts zu beweisen. Mindestens eine der beiden Funktionen ψ und $\widehat{\psi}$ ist dann eben „sehr ausgebreitet". Wir nehmen also an, daß die linke Seite von (1) endlich ist, und beweisen diese Ungleichung zunächst für Funktionen $\psi \in \mathcal{S}$. Damit sind alle Konvergenzfragen aus dem Weg geräumt; insbesondere gilt $\lim_{x \to \pm\infty} x|\psi(x)|^2 = 0$.

2.3 Die Heisenbergsche Unschärferelation

Die Fourier-Transformierte $\widehat{\psi}$ läßt sich mit Hilfe der Regel (R4) und der Parsevalschen Formel **(2.11)** aus (1) eliminieren. Es gilt

$$\|\xi\,\widehat{\psi}\| = \|\widehat{\psi'}\| = \|\psi'\|\,;$$

somit ist die behauptete Ungleichung (1) mit

$$\|x\,\psi\| \cdot \|\psi'\| \geq \frac{1}{2}\|\psi\|^2 \tag{2}$$

äquivalent. Nach der Schwarzschen Ungleichung 2.2.(4) ist aber

$$\|x\psi\| \cdot \|\psi'\| \geq |\langle x\,\psi,\psi'\rangle| \geq |\operatorname{Re}\langle x\,\psi,\psi'\rangle|\,. \tag{3}$$

Hier läßt sich die rechte Seite folgendermaßen berechnen:

$$2\operatorname{Re}\langle x\,\psi,\psi'\rangle = \langle x\,\psi,\psi'\rangle + \langle \psi', x\,\psi\rangle = \int x\,\left(\psi(x)\overline{\psi'(x)} + \psi'(x)\overline{\psi(x)}\right)dx$$

$$= x\,|\psi(x)|^2\Big|_{-\infty}^{\infty} - \int_{-\infty}^{\infty} |\psi(x)|^2\,dx = -\|\psi\|^2\,.$$

Wird dies rechts in (3) eingesetzt, so folgt (2).

Zum Schluß müssen wir uns noch von der Annahme $\psi \in \mathcal{S}$ befreien. Da $\mathcal{S}$ in L^2 dicht liegt, genügt dazu ein einfaches Approximationsargument, das wir hier unterdrücken.

In (1) gilt genau dann das Gleichheitszeichen, wenn in (3) an beiden Stellen $\geq$ das Gleichheitszeichen gilt, und hierfür ist zunächst einmal notwendig, daß die Vektoren $x\psi$ und $\psi' \in L^2$ linear abhängig sind. Es muß also ein $\mu + i\nu \in \mathbb{C}$ geben mit

$$\psi'(x) \equiv (\mu + i\nu)\,x\,\psi(x) \qquad (x \in \mathbb{R})\,. \tag{4}$$

Die Lösungen dieser Differentialgleichung sind die Funktionen

$$\psi(x) := C\,e^{(\mu+i\nu)x^2/2}\,, \qquad C \in \mathbb{C},$$

und ein derartiges ψ gehört genau dann zu L^2, wenn $\mu =: -c$ negativ ist. Zweitens muß $\langle x\,\psi,\psi'\rangle$ reell sein. Dies führt im Verein mit (4) auf die Bedingung

$$\langle x\,\psi,\psi'\rangle = \langle x\,\psi,(\mu+i\nu)\,x\,\psi\rangle = (\mu-i\nu)\|x\,\psi\|^2 \in \mathbb{R}\,,$$

und hieraus folgt $\nu = 0$. ⌋

Nach diesem Satz können die beiden Funktionen $\psi, \widehat{\psi}$ nicht bei $x := 0,\ \xi := 0$ gleichzeitig scharf lokalisiert sein: Mindestens eine der Zahlen $\|x\,\psi\|^2$ und $\|\xi\,\widehat{\psi}\|^2$ ist $\geq \|\psi\|^2/2$. Natürlich gilt dasselbe für ein beliebiges Paar (x_0,ξ_0) anstelle von $(0,0)$:

(2.15) Für beliebige Funktionen $\psi \in L^2$ und beliebiges $x_0 \in \mathbb{R}$, $\xi_0 \in \mathbb{R}$ gilt

$$\|(x - x_0)\psi\| \cdot \|(\xi - \xi_0)\widehat{\psi}\| \geq \frac{1}{2}\|\psi\|^2 \,.$$

Dabei sind mit $\|(x - x_0)\psi\|$ bzw. $\|(\xi - \xi_0)\widehat{\psi}\|$ die folgenden Größen gemeint:

$$\left(\int (x - x_0)^2 |\psi(x)|^2\, dx\right)^{1/2} \quad \text{bzw.} \quad \left(\int (\xi - \xi_0)^2 |\widehat{\psi}(\xi)|^2\, d\xi\right)^{1/2} \,.$$

⌈ Wir betrachten die Funktion

$$g(t) := e^{-i\xi_0 t}\, \psi(t + x_0)$$

und berechnen

$$\|g\|^2 = \int |\psi(t + x_0)|^2\, dt = \|\psi\|^2 \,,$$
$$\|t\, g\|^2 = \int t^2 |\psi(t + x_0)|^2 = \int (x - x_0)^2 |\psi(x)|^2\, dx \,.$$

Schreibt man g in der Form

$$g(t) = e^{-i\xi_0 t}\, h(t)\,, \qquad h(t) := f(t + x_0)\,,$$

so findet man aufgrund der Regeln (R2) und (R1):

$$\widehat{g}(\tau) = \widehat{h}(\tau + \xi_0) = e^{ix_0(\tau + \xi_0)}\, \widehat{f}(\tau + \xi_0) \,.$$

Dies impliziert

$$\|\tau g\|^2 = \int \tau^2 |\widehat{f}(\tau + \xi_0)|^2\, d\tau = \int (\xi - \xi_0)^2 |\widehat{f}(\xi)|^2\, d\xi \,.$$

Wendet man nun **(2.14)** auf die Funktion g an, so ergibt sich nach Einsetzen der für $\|g\|$, $\|t\, g\|$ und $\|\tau \widehat{g}\|$ erhaltenen Werte gerade die behauptete Formel. ⌋

2.4 Das Abtast-Theorem von Shannon

Das Abtast-Theorem von Shannon, auch *Sampling Theorem* genannt, gibt eine überraschende Antwort auf die folgende Frage: Ist es möglich, ein Zeitsignal f aus diskreten Werten $\bigl(f(kT)\,|\,k\in\mathbb{Z}\bigr)$ vollständig zu rekonstruieren? Ohne weitere Annahmen über f muß die Antwort natürlich „nein" lauten, denn in den offenen Intervallen zwischen den Meßpunkten kT kann man sich f noch ganz beliebig ausdenken.

Das Sampling Theorem hat eine interessante Geschichte, die man in [9] nachlesen kann. Die zugehörige Reihenentwicklung (3) war nämlich in der Fourier-Analysis schon lange vor Shannon unter dem Namen *cardinal series* bekannt.

Eine Funktion $f \in L^1$ heißt Ω-*bandbegrenzt*, falls ihre Fourier-Transformierte $\widehat{f}$ für $|\xi| > \Omega$ identisch verschwindet:

$$\widehat{f}(\xi) \equiv 0 \qquad (\,|\xi| > \Omega\,)\,.$$

Das Theorem von Shannon besagt, daß sich eine derartige Funktion aus den diskreten Werten

$$\bigl(f(kT)\,|\,k\in\mathbb{Z}\bigr), \qquad T := \frac{\pi}{\Omega} \tag{1}$$

vollständig, das heißt: in allen Punkten $t \in \mathbb{R}$ wertgenau, rekonstruieren läßt. Ganz überraschend ist das allerdings nicht: Ein bandbegrenztes Zeitsignal f ist von selbst eine ganze holomorphe Funktion der *komplexen* Variablen t (vgl. die entsprechende Aussage über die Fourier-Transformierte von Zeitsignalen mit kompaktem Träger), und eine derartige Funktion ist durch ihre Werte auf einer „ziemlich bescheidenen" Menge bereits vollständig bestimmt. Das Theorem von Shannon gibt aber sogar eine Formel für f.

In (1) wird ein ganz bestimmter Zusammenhang zwischen der Bandbreite Ω und dem Abtastintervall T stipuliert. Es gibt dazu sehr viel zu sagen — im Augenblick nur das folgende: Alle in der Spektralzerlegung von f überhaupt auftretenden $\mathbf{e}_\xi$ haben eine Schwingungsdauer $\geq 2\pi/\Omega$. Mit der Festsetzung $T := \pi/\Omega$ wird demnach sichergestellt, daß alle in f vorhandenen harmonischen Anteile wenigstens zweimal pro Periode erfaßt werden. Hier also das *Abtast-Theorem* (Bild 2.9):

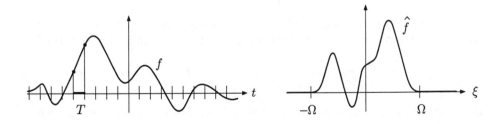

Bild 2.9

(2.16) Die stetige Funktion $f\colon \mathbb{R} \to \mathbb{C}$ sei Ω-bandbegrenzt und genüge einer Abschätzung der Form

$$f(t) = O\!\left(\frac{1}{|t|^{1+\varepsilon}}\right) \qquad (t \to \pm\infty) ; \tag{2}$$

ferner sei $T := \pi/\Omega$. Dann gilt

$$f(t) = \sum_{k=-\infty}^{\infty} f(kT)\,\mathrm{sinc}\bigl(\Omega(t - kT)\bigr) \qquad (t \in \mathbb{R}) . \tag{3}$$

Die formale Reihe rechts in (3) wird in der Literatur *Kardinalreihe* von f genannt. Da die sinc-Funktion auf $\mathbb{R}$ beschränkt ist, wird durch (2) sichergestellt, daß die Kardinalreihe gleichmäßig konvergiert und folglich eine auf ganz $\mathbb{R}$ stetige Funktion $\tilde f$ darstellt. Wegen $\mathrm{sinc}(k\pi) = \delta_{0k}$ realisiert $\tilde f$ von vorneherein die gegebenen Werte $f(kT)$ und kann auch in Fällen, wo f nicht bandbegrenzt ist, als stetige Interpolierende des Datensatzes $\bigl(f(kT) \mid k \in \mathbb{Z}\bigr)$ verwendet werden. — Aufgrund des weiter oben Gesagten ist es keine Einschränkung, das Zeitsignal f von vorneherein als stetig vorauszusetzen. Die Voraussetzung (2) ließe sich abschwächen.

⌐ Wegen (2) ist f in $L^1 \cap L^2$ und besitzt daher nach **(2.9)** eine stetige Fourier-Transformierte $\hat f$. Da $\hat f$ für $|\xi| > \Omega$ verschwindet, ist auch $\hat f \in L^1$, und die rechte Seite der Umkehrformel **(2.12)** produziert eine stetige Funktion $t \mapsto \tilde f(t)$, die fast überall mit f übereinstimmt, also $= f$ ist:

$$f(t) = \frac{1}{\sqrt{2\pi}}\int \hat f(\xi)\,e^{i\xi t}\,d\xi \underset{\mathrm{A}}{=} \frac{1}{\sqrt{2\pi}}\int_{-\Omega}^{\Omega} \hat f(\xi)\,e^{it\xi}\,d\xi \qquad (t \in \mathbb{R}) . \tag{4}$$

Da $\hat f$ stetig ist, gilt $\hat f(-\Omega) = \hat f(\Omega) = 0$, und $\hat f$ stimmt auf dem ξ-Intervall $[-\Omega, \Omega]$ punktweise überein mit einer gewissen 2Ω-periodischen Funktion F:

$$\hat f(\xi) \equiv F(\xi) \qquad (-\Omega \le \xi \le \Omega) . \tag{5}$$

Diese Funktion $F \in L^2\bigl(\mathbb{R}/(2\Omega)\bigr)$ läßt sich nach den Formeln **(2.8)** in eine Fourier-Reihe entwickeln:

$$F(\xi) \rightsquigarrow \sum_{k=-\infty}^{\infty} c_k e^{2k\pi i \xi/(2\Omega)} , \tag{6}$$

und zwar konvergiert die angeschriebene Reihe nach dem Satz von Carleson **(2.4)** für fast alle ξ gegen $F(\xi)$. Die Koeffizienten c_k berechnen sich nach den Formeln

$$c_k = \frac{1}{2\Omega}\int_{-\Omega}^{\Omega} F(\xi)\,e^{-2k\pi i \xi/(2\Omega)}\,d\xi \underset{\mathrm{B}}{=} \frac{1}{2\Omega}\int \hat f(\xi)\,e^{-2k\pi i \xi/(2\Omega)}\,d\xi . \tag{7}$$

Das letzte Integral können wir nach (4) als f-Wert interpretieren; es ergibt sich

$$c_k = \frac{\sqrt{2\pi}}{2\Omega}f(-k\pi/\Omega) = \frac{\sqrt{2\pi}}{2\Omega}f(-kT) ,$$

2.4 Das Abtast-Theorem von Shannon

und die Formel (6) geht über in

$$F(\xi) = \frac{\sqrt{2\pi}}{2\Omega} \sum_{k=-\infty}^{\infty} f(kT) e^{-ikT\xi} \qquad \text{(fast alle } \xi \in \mathbb{R}\text{)}. \qquad (8)$$

Aufgrund der Identität (5) dürfen wir daher (4) ersetzen durch

$$f(t) = \frac{1}{2\Omega} \int_{-\Omega}^{\Omega} \left(\sum_{k=-\infty}^{\infty} f(kT) e^{-ikT\xi} \right) e^{it\xi} d\xi .$$

Die Reihe unter dem Integralzeichen konvergiert wegen (2) gleichmäßig, so daß wir gliedweise integrieren dürfen:

$$f(t) = \frac{1}{2\Omega} \sum_{k=-\infty}^{\infty} f(kT) \int_{-\Omega}^{\Omega} e^{i(t-kT)\xi} d\xi .$$

Das zuletzt angeschriebene Integral berechnet sich folgendermaßen:

$$\int_{-\Omega}^{\Omega} e^{i(t-kT)\xi} d\xi = \int_{-\Omega}^{\Omega} \cos\bigl((t-kT)\xi\bigr) d\xi = \frac{2}{t-kT} \sin\bigl(\Omega(t-kT)\bigr) \qquad (t \neq kT)$$
$$= 2\Omega \operatorname{sinc}\bigl(\Omega(t-kT)\bigr) \qquad (t \in \mathbb{R}) .$$

Damit erhalten wir definitiv die behauptete Formel

$$f(t) = \sum_{k=-\infty}^{\infty} f(kT) \operatorname{sinc}\bigl(\Omega(t-kT)\bigr) \qquad (t \in \mathbb{R}),$$

wobei die angegebene Reihe auf $\mathbb{R}$ gleichmäßig konvergiert. ⌟

Man nennt $\Omega := \pi/T$ die *Nyquist-Frequenz* zum gewählten Abtastintervall T. Umgekehrt: Die Größe T^{-1} stellt die Anzahl Abfragen pro Zeiteinheit dar und wird auch *Abtastrate* genannt. Die Abtastrate $T^{-1} := \Omega/\pi$ heißt *Nyquist-Rate* für Funktionen der Bandbreite Ω.

Es sei nun eine bestimmte Abtastrate T^{-1} gegeben, z.B. $T^{-1} := 40\,000 \text{ sec}^{-1}$. Was läßt sich sagen, wenn die tatsächliche Bandbreite Ω' von f größer ist als die Nyquist-Frequenz $\Omega := \pi/T$? Um das herauszufinden, müssen wir den vorangehenden Beweis nocheinmal anschauen. An den Stellen A in (4) und B in (7) wurde verwendet, daß $\hat{f}$ außerhalb des Intervalls $[-\Omega, \Omega]$ identisch verschwindet. Ist das in Wirklichkeit nicht der Fall, das heißt: ist die tatsächliche Bandbreite Ω' von f größer als $\Omega = \pi/T$, so gilt bei A und bei B nicht das Gleichheitszeichen, und die Kardinalreihe (3) stellt die Funktion f nicht mehr dar.

Welche andere Funktion $\tilde{f}$ wird dann durch die Kardinalreihe von f dargestellt? Man könnte vielleicht denken, daß einfach die $\mathbf{e}_\xi$ mit Frequenzen $|\xi| > \Omega$ aus f herausgefiltert werden, so daß die Kardinalreihe im wesentlichen die Funktion

$$\tilde{f} := \frac{1}{\sqrt{2\pi}} \int_{-\Omega}^{\Omega} d\xi \, \widehat{f}(\xi) \, \mathbf{e}_\xi$$

produziert. Diese Vermutung trifft leider nicht zu. In Wirklichkeit kommt es zu einem (auch in der technischen Praxis) störenden Phänomen, das als *Aliasing* bezeichnet wird.

Um Ideen zu fixieren, nehmen wir an, es sei

$$\Omega < \Omega' < 3\Omega$$

und $\widehat{f}(\xi) \equiv 0$ für $|\xi| > \Omega'$. Dann gilt (vgl. (4)):

$$\begin{aligned} f(kT) &= \frac{1}{\sqrt{2\pi}} \int_{-\Omega'}^{\Omega'} \widehat{f}(\xi) \, e^{ikT\xi} \, d\xi \\ &= \frac{1}{\sqrt{2\pi}} \left(\int_{-3\Omega}^{-\Omega} \widehat{f}(\xi) \, e^{ikT\xi} \, d\xi + \int_{-\Omega}^{\Omega} \widehat{f}(\xi) \, e^{ikT\xi} \, d\xi + \int_{\Omega}^{3\Omega} \widehat{f}(\xi) \, e^{ikT\xi} \, d\xi \right). \end{aligned}$$

Substituiert man in den beiden äusseren Integralen

$$\xi := \xi' \pm 2\Omega \qquad (-\Omega \leq \xi' \leq \Omega),$$

so wird $e^{ikT\xi} = e^{ikT\xi'}$ (wegen $2\Omega T = 2\pi$), und es ergibt sich

$$f(kT) = \frac{1}{\sqrt{2\pi}} \int_{-\Omega}^{\Omega} \left(\widehat{f}(\xi) + \widehat{f}(\xi - 2\Omega) + \widehat{f}(\xi + 2\Omega) \right) e^{ikT\xi} \, d\xi \, . \tag{9}$$

Damit kommt die stetige Funktion $g \in L^2$ ins Spiel, deren Fourier-Transformierte definiert ist durch

$$\widehat{g}(\xi) := \begin{cases} \widehat{f}(\xi) + \widehat{f}(\xi - 2\Omega) + \widehat{f}(\xi + 2\Omega) & (-\Omega \leq \xi \leq \Omega) \\ 0 & (|\xi| > \Omega) \end{cases} . \tag{10}$$

Für diese Funktion gilt wegen (9):

$$g(kT) = \frac{1}{\sqrt{2\pi}} \int_{-\Omega}^{\Omega} \widehat{g}(\xi) \, e^{ikT\xi} \, d\xi = f(kT) \qquad (k \in \mathbb{Z}) \, .$$

Somit besitzt g dieselbe Kardinalreihe wie f, ist aber tatsächlich Ω-bandbegrenzt. Die gemeinsame Kardinalreihe von f und von g stellt daher nicht f, sondern die Funktion g dar. Das bedeutet folgendes: Ist die wahre Bandbreite Ω' von f größer

2.4 Das Abtast-Theorem von Shannon

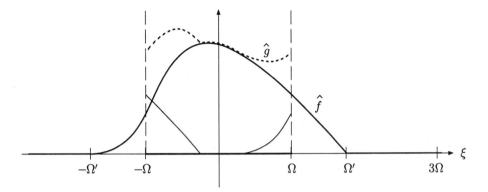

Bild 2.10 Aliasing

als die Nyquist-Frequenz $\Omega := \pi/T$, so werden die höherfrequenten Anteile des Signals f von der Kardinalreihe nicht einfach „vergessen" oder herausgefiltert, sondern sie erscheinen darin auf geheimnisvolle Weise frequenzverschoben. Die Kardinalreihe produziert eine Ω-bandbegrenzte Funktion g, deren Fourier-Transformierte $\hat{g}$ durch (10) gegeben und in Bild 2.10 dargestellt ist.

Während also *undersampling* zu dem unerwünschten Aliasing führt, läßt sich *oversampling* zur Konvergenzverbesserung ausnützen. Wir wollen hier zeigen, wie das zu erreichen ist.

Es sei eine Abtastrate T^{-1} vorgegeben, und es sei $\Omega := \pi/T$ die zugehörige Nyquist-Frequenz. Wir nehmen jetzt an, die Funktion f sei Ω'-bandbegrenzt für ein $\Omega' < \Omega$. Wir definieren die (im übrigen von f unabhängige) Hilfsfunktion $q \in L^2$ durch

$$\hat{q}(\xi) := \begin{cases} 1 & (|\xi| \leq \Omega') \\ \dfrac{1}{2}\left(1 - \sin\dfrac{\pi(2|\xi| - \Omega - \Omega')}{2(\Omega - \Omega')}\right) & (\Omega' \leq |\xi| \leq \Omega) \\ 0 & (|\xi| \geq \Omega) \end{cases}.$$

Die Funktion $\hat{q}$ ist zusammen mit $\hat{f}$ in Bild 2.11 dargestellt.

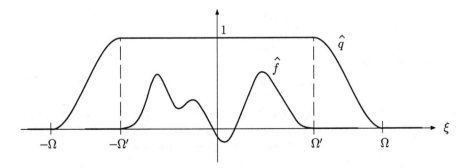

Bild 2.11

Das Signal f erfüllt die Voraussetzungen von Satz (**2.16**), somit gilt (8) bzw.

$$\widehat{f}(\xi) = \frac{\sqrt{2\pi}}{2\Omega} \sum_{k=-\infty}^{\infty} f(kT) e^{-ikT\xi} \qquad (-\Omega \leq \xi \leq \Omega),$$

wobei wir zusätzlich wissen, daß $\widehat{f}(\xi)$ für $\Omega' \leq |\xi| \leq \Omega$ identisch verschwindet. Für $|\xi| \leq \Omega'$ ist $\widehat{q}(\xi) \equiv 1$. Ausgehend von (4) können wir daher folgende Rechnung aufmachen:

$$\begin{aligned}
f(t) &= \frac{1}{\sqrt{2\pi}} \int_{-\Omega}^{\Omega} \widehat{f}(\xi) e^{i\xi t} d\xi = \frac{1}{\sqrt{2\pi}} \int_{-\Omega}^{\Omega} \widehat{f}(\xi) \widehat{q}(\xi) e^{i\xi t} d\xi \\
&= \frac{1}{2\Omega} \int_{-\Omega}^{\Omega} \left(\sum_{k=-\infty}^{\infty} f(kT) e^{-ikT\xi} \right) \widehat{q}(\xi) e^{it\xi} d\xi \\
&= \frac{1}{2\Omega} \sum_{k=-\infty}^{\infty} f(kT) \int_{-\Omega}^{\Omega} \widehat{q}(\xi) e^{i(t-kT)\xi} d\xi \, .
\end{aligned}$$

Setzen wir zur Abkürzung

$$\frac{1}{2\Omega} \int_{-\Omega}^{\Omega} \widehat{q}(\xi) e^{is\xi} d\xi =: Q(s), \tag{11}$$

so erhalten wir anstelle der Kardinalreihe (3) die neue Darstellung

$$f(t) = \sum_{k=-\infty}^{\infty} f(kT) Q(t - kT) \, .$$

Um die behauptete Konvergenzverbesserung beurteilen zu können, benötigen wir die (von f unabhängige) Funktion Q in expliziter Form. Da $\widehat{q}$ gerade ist, berechnet sich das Integral (11) folgendermaßen:

$$\begin{aligned}
Q(s) &= \frac{1}{2\Omega} \int_{-\Omega}^{\Omega} \widehat{q}(\xi) \cos(s\xi) d\xi = \frac{1}{\Omega} \left(\int_{0}^{\Omega'} \cos(s\xi) d\xi + \int_{\Omega'}^{\Omega} \ldots \cos(s\xi) d\xi \right) \\
&= \frac{\pi^2}{2\Omega s} \frac{\sin(\Omega' s) + \sin(\Omega s)}{\pi^2 - (\Omega - \Omega')^2 s^2} \, .
\end{aligned}$$

Hieraus folgt schon

$$Q(s) = O\left(\frac{1}{|s|^3}\right) \qquad (|s| \to \infty) \, .$$

Betrachten wir ein Beispiel: Zweifaches *oversampling* des Zeitsignals f bedeutet $\Omega' = \frac{1}{2}\Omega$. Das Signal f soll nun im Innern des t-Intervalls $[0, T]$ rekonstruiert werden. In diesem Fall ist $Q(t - kT)$ für $|k| \to \infty$ von der Größenordnung

$$\frac{2\pi^2}{2\Omega \cdot |k|T \cdot (\Omega/2)^2 (kT)^2} = \frac{4}{\pi} \frac{1}{|k|^3},$$

2.4 Das Abtast-Theorem von Shannon

dabei wurde natürlich $\Omega T = \pi$ benützt. Zum Vergleich mit der Kardinalreihe (3): Die analogen Werte $\operatorname{sinc}(\Omega(t - kT))$ sind für $|k| \to \infty$ von der Größenordnung

$$\frac{1}{\pi} \frac{1}{|k|} \; ;$$

es müssen also viel mehr Terme berücksichtigt werden, bis dieselbe Genauigkeit erreicht ist.

3 Die kontinuierliche Wavelet-Transformation

3.1 Definitionen und Beispiele

Eine Funktion $\psi\colon \mathbb{R} \to \mathbb{C}$, die den folgenden Bedingungen (1)∧(2) genügt, heißt ein *Mutter-Wavelet* oder einfach *Wavelet*:

$$\psi \in L^2, \qquad \|\psi\| = 1 ; \tag{1}$$

$$2\pi \int_{\mathbb{R}^*} \frac{|\widehat{\psi}(a)|^2}{|a|}\, da =: C_\psi < \infty . \tag{2}$$

Diese beiden Bedingungen stellen das bare Minimum dar, das für das Funktionieren der in diesem Kapitel dargestellten Theorie notwendig ist. Alle praktisch vorkommenden Wavelets sind auch in L^1, die meisten sind stetig (das Haar-Wavelet allerdings nicht), viele sind differenzierbar, und die in den Anwendungen beliebtesten Wavelets haben kompakten Träger.

Ob ein vorgelegtes $\psi \in L^2$ die Bedingung (2) erfüllt, läßt sich nicht von bloßem Auge erkennen. Für vernünftige ψ's ist darum das folgende Kriterium nützlich, das zugleich eine anschauliche Interpretation der Bedingung (2) liefert:

(3.1) *Für Funktionen $\psi \in L^2$ mit $t\psi \in L^1$, das heißt: $\int |t|\,|\psi(t)|\,dt < \infty$, ist die Bedingung (2) äquivalent mit*

$$\int_{-\infty}^{\infty} \psi(t)\, dt = 0 \qquad \text{bzw.} \qquad \widehat{\psi}(0) = 0 . \tag{3}$$

Da nach diesem Satz ein Wavelet Mittelwert 0 hat, muß der Graph $\mathcal{G}(\psi)$ eines Wavelets ψ, wie eben eine Welle, notwendigerweise zum Teil oberhalb und zum Teil unterhalb der t-Achse verlaufen.

⌐ Ein ψ der betrachteten Art ist von selbst in L^1, und es gilt

$$\widehat{\psi}(0) = \frac{1}{\sqrt{2\pi}} \int \psi(t)\, dt .$$

Nach **(2.9)** ist $\widehat{\psi}$ stetig. Das Integral (2) kann daher nur konvergieren, wenn $\widehat{\psi}(0) = 0$ ist.

3.1 Definitionen und Beispiele

Umgekehrt: Aus $t\psi \in L^1$ folgt mit **(2.13)** sogar $\widehat{\psi} \in C^1$. Wir setzen

$$\sup\{|\widehat{\psi}'(\xi)| \mid |\xi| \leq 1\} =: M .$$

Gilt nun $\widehat{\psi}(0) = 0$, so ist nach dem Mittelwertsatz der Differentialrechnung

$$|\widehat{\psi}(\xi)| \leq M |\xi| \qquad (|\xi| \leq 1) ,$$

und wir erhalten die Abschätzung

$$\int_{\mathbb{R}^*} \frac{|\widehat{\psi}(\xi)|^2}{|\xi|} d\xi \leq \int_{0<|\xi|\leq 1} M^2 |\xi| d\xi + \int_{|\xi|\geq 1} |\widehat{\psi}(\xi)|^2 d\xi \leq M^2 + \|\psi\|^2 < \infty .$$

Ist ein Wavelet ψ fest gewählt, so heißt

$$\mathcal{W}f(a,b) := \frac{1}{|a|^{1/2}} \int f(t) \overline{\psi\left(\frac{t-b}{a}\right)} dt \qquad (a \neq 0) \tag{4}$$

die *Wavelet-Transformierte* des Zeitsignals $f \in L^2$ bezüglich ψ. Definitionsbereich von $\mathcal{W}f$ ist die „zersägte Ebene"

$$\mathbb{R}^2_- := \{(a,b) \mid a \in \mathbb{R}^*, b \in \mathbb{R}\} .$$

Oft werden nur positive a-Werte betrachtet; die Bedingung (2) ist dann zu modifizieren (s.u.). Da die Variable b eine Verschiebung längs der Zeitachse bezeichnet, ist es üblich, in Figuren die b-Achse horizontal und die a-Achse vertikal anzulegen. Als Funktion von zwei Variablen ist $\mathcal{W}f$ im Gegensatz zu f und $\widehat{f}$ nicht leicht graphisch darzustellen. Siehe Beispiel ⑤ für einen Versuch in dieser Richtung.

Wir denken uns ein Wavelet ψ fest gewählt. Für $a \neq 0$ bezeichnet

$$\psi_a(t) := \frac{1}{|a|^{1/2}} \psi\left(\frac{t}{a}\right)$$

die von 0 aus mit dem Faktor $|a|$ in die Breite gezogene, im Fall $a < 0$ an der vertikalen Achse gespiegelte und zum Schluß renormierte Funktion ψ. Man hat nämlich

$$\int |\psi_a(t)|^2 dt = \frac{1}{|a|} \int \left|\psi\left(\frac{t}{a}\right)\right|^2 dt = \frac{1}{|a|} \int |\psi(t')|^2 |a| dt' = 1 .$$

Wird ψ_a anschließend noch um b nach rechts (falls $b > 0$) verschoben, so erhält man die in (4) erscheinende Funktion

$$\psi_{a,b}(t) := \psi_a(t-b) = \frac{1}{|a|^{1/2}} \psi\left(\frac{t-b}{a}\right) , \tag{5}$$

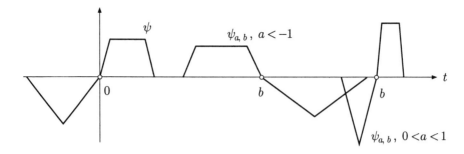

Bild 3.1

siehe dazu Bild 3.1. Es gilt

$$\|\psi_{a,b}\| = 1 \quad \forall\, (a,b) \in \mathbb{R}_{-}^{2}\ .$$

Mit Hilfe der $\psi_{a,b}$ läßt sich nun die Definition (4) der Wavelet-Transformierten als Skalarprodukt schreiben:

$$\mathcal{W}f(a,b) = \langle f, \psi_{a,b}\rangle\ . \tag{6}$$

Hieraus folgt erstens, daß $\mathcal{W}f(a,b)$ an jeder Stelle $(a,b) \in \mathbb{R}^{*} \times \mathbb{R}$ einen wohlbestimmten Wert besitzt, und weiter nach der Schwarzschen Ungleichung, daß die Funktion $\mathcal{W}f$ beschränkt ist:

$$|\mathcal{W}f(a,b)| \le \|f\| \quad \forall\, (a,b) \in \mathbb{R}_{-}^{2}\ . \tag{7}$$

Wir berechnen nun die Fourier-Transformierten der $\psi_{a,b}$. Nach der Regel (R3) ist

$$\widehat{\psi}_{a}(\xi) = |a|^{1/2}\,\widehat{\psi}(a\xi)\,,$$

und hieraus folgt mit Regel (R1), angewandt auf (5):

$$\widehat{\psi}_{a,b}(\xi) = |a|^{1/2}\,e^{-ib\xi}\,\widehat{\psi}(a\xi)\ . \tag{8}$$

Aufgrund von **(2.11)** (Parsevalsche Formel) und (6) können wir demnach $\mathcal{W}f(a,b)$ auch auf die folgende Form bringen:

$$\mathcal{W}f(a,b) = \langle \widehat{f}, \widehat{\psi}_{a,b}\rangle = |a|^{1/2} \int \widehat{f}(\xi)\,e^{ib\xi}\,\overline{\widehat{\psi}(a\xi)}\,d\xi\ . \tag{9}$$

Das letzte Integral läßt sich als Fourier-Umkehrintegral interpretieren, und zwar wird die Fourier$^{\vee}$-Transformierte der L^{1}-Funktion

$$F_{a}(\xi) := \sqrt{2\pi}\,|a|^{1/2}\,\widehat{f}(\xi)\overline{\widehat{\psi}(a\xi)} \tag{10}$$

als Funktion der Variablen b ausgerechnet. Wir können also folgendes sagen:

3.1 Definitionen und Beispiele

(3.2) *Für festes $a \neq 0$ ist die Funktion*
$$\mathcal{W}f(a, \cdot)\colon \quad b \mapsto \mathcal{W}f(a,b)$$
die Fourier-Umkehrtransformierte der Funktion F_a, letztere gegeben durch (10).

Insbesondere ergibt sich mit **(2.9)**, daß $\mathcal{W}f$ auf den Horizontalen $a = \text{const.}$ stetig ist und mit $b \to \pm\infty$ gegen 0 geht.

① Die Funktion $\psi := \psi_{\text{Haar}}$ ist offensichtlich ein Wavelet im Sinn der Definition. Für $a > 0$ ist
$$\psi\!\left(\frac{t-b}{a}\right) = \begin{cases} 1 & (b \leq t < b + \frac{a}{2}) \\ -1 & (b + \frac{a}{2} \leq t < b + a) \\ 0 & (\text{sonst}) \end{cases}$$
und folglich
$$\mathcal{W}f(a,b) = \frac{1}{\sqrt{a}}\left(\int_b^{b+a/2} f(t)\,dt - \int_{b+a/2}^{b+a} f(t)\,dt\right)$$
$$= \frac{\sqrt{a}}{2}\left(\frac{2}{a}\int_b^{b+a/2} f(t)\,dt - \frac{2}{a}\int_{b+a/2}^{b+a} f(t)\,dt\right).$$

Abgesehen von dem Normierungsfaktor stellt also der Wert $\mathcal{W}f(a,b)$ eine Differenz von Mittelwerten der Funktion f über zwei benachbarte Intervalle der Länge $\frac{a}{2}$ in der Nähe von b dar, siehe dazu Bild 3.2.

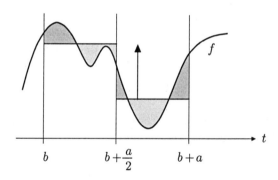

Bild 3.2

Man kann es aber auch anders sehen:
$$\mathcal{W}f(a,b) = \frac{1}{\sqrt{a}}\int_b^{b+a/2} \left(f(t) - f(t + \tfrac{a}{2})\right) dt$$
$$= -\frac{1}{\sqrt{a}}\int_b^{b+a/2} \left(\int_t^{t+a/2} f'(\tau)\,d\tau\right) dt = \ldots$$
$$= -\frac{1}{\sqrt{a}}\int_{-a/2}^{a/2} \left(\frac{a}{2} - |\tau|\right) f'\!\left(b + \frac{a}{2} + \tau\right) d\tau.$$

So geschrieben erscheint der Wert $Wf(a,b)$ als gewogenes Mittel von f' über das Intervall $[b, b+a]$, siehe dazu Bild 3.3. ◯

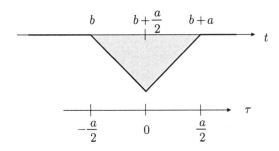

Bild 3.3

② Die Funktion
$$\psi(t) := \frac{2}{\sqrt{3}} \pi^{-1/4} (1-t^2) e^{-t^2/2} \tag{11}$$

besitzt den in Bild 3.4 dargestellten Graphen, der unmittelbar an einen Mexikanerhut erinnert. Der vorangestellte Zahlenfaktor $(=: \gamma)$ ist so gewählt, daß $\|\psi\| = 1$ wird.

Wie man leicht nachrechnet, ist $\psi(t) = -\gamma g''(t)$, wobei $g(t) := e^{-t^2/2}$ die Gauß-Funktion bezeichnet. Deren Fourier-Transformierte $\widehat{g}$ ist in Beispiel 2.2.② berechnet und als g identifiziert worden. Mit Hilfe der Regel (R4) folgt daher

$$\widehat{\psi}(\xi) = -\gamma(i\xi)^2 \widehat{g}(\xi) = \gamma \xi^2 e^{-\xi^2/2} \ .$$

Insbesondere gilt $\widehat{\psi}(0) = 0$; dieses ψ ist also in der Tat ein Wavelet. Aus erwähnten Gründen trägt es den Namen *Mexikanerhut*. ◯

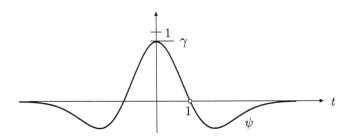

Bild 3.4   Der Mexikanerhut

3.1 Definitionen und Beispiele

③ Bild 3.5 zeigt das Beispiel einer *modulierten Gauß-Funktion*. Hierzu gelangt man folgendermaßen: Zunächst wird eine Basisfrequenz $\omega > 0$ fest gewählt; $\omega := 5$ scheint sich in der Praxis bewährt zu haben (siehe [D], 3.3.5.C). Es leuchtet ein, daß der „Wellenzug"

$$t \mapsto \chi(t) := e^{i\omega t} e^{-t^2/2}$$

kein schlechtes „Abfragemuster" vorstellt. Leider ist die Bedingung $\widehat{\chi}(0) = 0$ nicht erfüllt. Wir machen also den Ansatz

$$\psi(t) := \left(e^{i\omega t} - A\right) e^{-t^2/2}$$

und haben nun die Konstante A festzulegen. Nach Regel (R2) gilt

$$\widehat{\psi}(\xi) = e^{-(\xi-\omega)^2/2} - A e^{-\xi^2/2}$$

und folglich $\widehat{\psi}(0) = e^{-\omega^2/2} - A$. Mit $A := e^{-\omega^2/2}$ ist somit (3) Genüge getan, und wir können die komplexwertige Funktion

$$\psi(t) := \left(e^{i\omega t} - e^{-\omega^2/2}\right) e^{-t^2/2}$$

grundsätzlich als Wavelet akzeptieren. Dieses ψ noch zu normieren, überlassen wir dem Leser als Übungsaufgabe. ◯

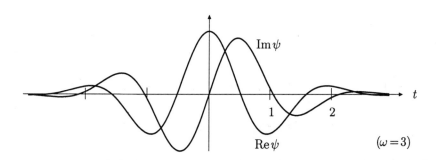

Bild 3.5 Modulierte Gauß-Funktion

④ Eine ganz beliebige Funktion $\psi \in L^2$ mit Norm 1, Mittelwert 0 und kompaktem Träger ist automatisch ein Wavelet: Es sei $\psi(t) \equiv 0$ für $|t| > b$. Die Funktion $h(t) := |t|\, 1_{[-b,b]}(t)$ ist offensichtlich in L^2; folglich ist

$$\int |t|\, |\psi(t)|\, dt = \langle h, |\psi| \rangle < \infty,$$

und die Behauptung folgt mit **(3.1)**. ◯

⑤ Wir versuchen hier, die Wavelet-Transformierte eines Zeitsignals f als Funktion von zwei Variablen graphisch darzustellen. Als analysierendes Wavelet verwenden wir dabei den Mexikanerhut (11). Das Zeitsignal soll sich aus den drei „Noten"

$$f_1(t) := 2 - 2|t+2| \quad (-3 \leq t \leq -1), \qquad := 0 \quad \text{(sonst)},$$
$$f_2(t) := 1 - \cos(2\pi t) \quad (0 \leq t \leq 3), \qquad := 0 \quad \text{(sonst)},$$
$$f_3(t) := \frac{1}{2}(1 - \cos(5\pi t)) \quad (4 \leq t \leq 6), \qquad := 0 \quad \text{(sonst)}$$

(siehe Bild 3.6) wie folgt zusammensetzen:

$$f(t) := 2.883\, f_1(t) + 1.205\, f_2(t) + 0.968\, f_3(t)\ . \tag{12}$$

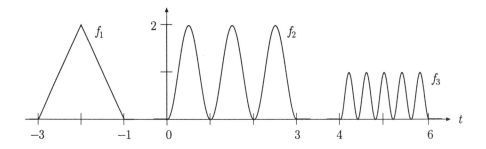

Bild 3.6

Um das natürliche Abklingen von $\mathcal{W}f(a,b)$ mit $a \to 0$ zu kompensieren, siehe dazu Satz **(3.15)**, haben wir in Bild 3.7 anstelle von $\mathcal{W}f$ die Funktion

$$w(a,b) := \frac{1}{a^{3/2}} |\mathcal{W}f(a,b)| \qquad (0 < a \leq 0.4)$$

dargestellt. Die in (12) erscheinenden Intensitäten wurden so gewählt, daß die drei Anteile w_1, w_2, w_3 in dem dargestellten (a,b)-Bereich denselben Maximalwert $w_{\max} = 10$ erhalten. Das Bild besteht aus 480×768 Pixeln, die ein Gitter von Punkten (a,b) repräsentieren. Für jedes einzelne Pixel wurde numerisch die Testgröße $p := w(a,b)/w_{\max}$ berechnet; anschließend wurde das betreffende Pixel mit Wahrscheinlichkeit p schwarz eingefärbt. ◯

3.2 Eine Plancherel-Formel

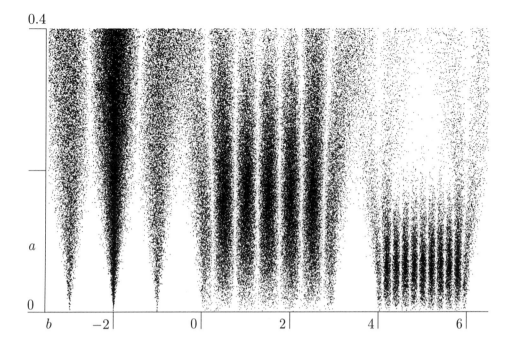

Bild 3.7   Die Wavelet-Transformierte der Funktion f gemäß (12); vgl. Bild 3.6

3.2 Eine Plancherel-Formel

Die Wavelet-Transformation akzeptiert Funktionen $f \in L^2(\mathbb{R})$ als Input und produziert Funktionen $\mathcal{W}f\colon \mathbb{R}^2_- \to \mathbb{C}$ als Output. Wenn wir in dieser Situation eine Plancherel-Formel ins Auge fassen, so benötigen wir natürlich ein Skalarprodukt für Funktionen $u\colon \mathbb{R}^2_- \to \mathbb{C}$, und für dieses wiederum benötigen wir ein Maß auf der Menge $\mathbb{R}^2_- := \mathbb{R}^* \times \mathbb{R}$. Das zweidimensionale Lebesgue-Maß $da\,db$ ist hier nicht das Richtige, und zwar aus dem folgenden Grund: Die Variablen a und b sind nicht „gleichberechtigt" wie zum Beispiel x und y in der euklidischen Ebene. In dem vorliegenden Zusammenhang wird ein Punkt $(a,b) \in \mathbb{R}^2_-$ vielmehr benutzt zur Festlegung einer affinen Streckung

$$S_{a,b}\colon \quad \mathbb{R} \to \mathbb{R} \qquad \tau \mapsto t := a\tau + b$$

der Zeitachse, und da erscheint der Streckungsfaktor $|a|$ schon von bloßem Auge als ungleich bedeutungsvoller. Die Gesamtheit

$$\mathrm{Aff}(\mathbb{R}) := \left\{ S_{a,b} \mid (a,b) \in \mathbb{R}^2_- \right\} \tag{1}$$

dieser affinen Abbildungen ist eine topologische Gruppe bezüglich der Zusammensetzung ∘. Als solche trägt sie ein „natürliches" Maß $d\mu$, genannt *linksinvariantes Haarsches Maß*. Da Aff($\mathbb{R}$) gemäß (1) von der Menge $\mathbb{R}^2_-$ bijektiv parametrisiert wird, tritt $d\mu$ als Maß in der (a,b)-Ebene in Erscheinung. Für weitere Einzelheiten verweisen wir auf die Literatur, zum Beispiel [8] oder [16]. Wenn man nun den expliziten Ausdruck für $d\mu = d\mu(a,b)$ tatsächlich ausrechnet, so ergibt sich

$$d\mu = d\mu(a,b) := \frac{1}{|a|^2} \, dadb \; . \tag{2}$$

Mit den vorangehenden Ausführungen sollte nur heuristisch begründet werden, warum wir nun im weiteren auf der Menge $\mathbb{R}^2_-$ gerade das Maß (2) zugrundelegen. Die Theorie des Haarschen Maßes wird im weiteren nicht benötigt.

Das *Skalarprodukt* im Hilbertraum

$$H := L^2(\mathbb{R}^2_-, d\mu) = L^2\left(\mathbb{R}^* \times \mathbb{R}, \frac{dadb}{|a|^2}\right)$$

hat demnach folgende Form:

$$\langle u, v \rangle_H := \int_{\mathbb{R}^2_-} u(a,b) \overline{v(a,b)} \, \frac{dadb}{|a|^2} \; .$$

Damit kommen wir schon zu der angekündigten Plancherel-Formel für die Wavelet-Transformation:

(3.3) *Es sei bezeichne* $\mathcal{W}$ *die Wavelet-Transformation zu einem gegebenen Wavelet* ψ. *Dann gilt*

$$\langle \mathcal{W}f, \mathcal{W}g \rangle_H = C_\psi \langle f, g \rangle$$

für beliebige $f, g \in L^2$.

⌐ Wir arbeiten mit der in 3.3.(10) eingeführten Funktion F_a und der mit g analog gebildeten Funktion G_a. Mit **(3.2)** und **(2.11)** ergibt sich nacheinander

$$\begin{aligned}
\langle \mathcal{W}f, \mathcal{W}g \rangle_H &= \int_{\mathbb{R}^*} \left(\int \mathcal{W}f(a,b) \overline{\mathcal{W}g(a,b)} \, db \right) \frac{da}{|a|^2} \\
&= \int_{\mathbb{R}^*} \int \widehat{F}_a(-b) \overline{\widehat{G}_a(-b)} \, db \, \frac{da}{|a|^2} \\
&= \int_{\mathbb{R}^*} \langle \widehat{F}_a, \widehat{G}_a \rangle \frac{da}{|a|^2} = \int_{\mathbb{R}^*} \langle F_a, G_a \rangle \frac{da}{|a|^2} \\
&= 2\pi \int_{\mathbb{R}^*} \left(\int |a| \, \widehat{f}(\xi) \overline{\widehat{g}(\xi)} \, |\widehat{\psi}(a\xi)|^2 \, d\xi \right) \frac{da}{|a|^2} \\
&= 2\pi \int \left(\widehat{f}(\xi) \overline{\widehat{g}(\xi)} \int_{\mathbb{R}^*} |\widehat{\psi}(a\xi)|^2 \, \frac{da}{|a|} \right) d\xi \; .
\end{aligned} \tag{3}$$

3.2 Eine Plancherel-Formel

Das zuletzt angeschriebene innere Integral (=: Q) hat für $\xi = 0$ trivialerweise den Wert 0. Ist $\xi \neq 0$, so liefert die Substitution

$$a := \frac{a'}{\xi} \quad (a' \in \mathbb{R}^*), \qquad da = \frac{da'}{|\xi|}$$

(Betrag der Funktionaldeterminante!) für Q den Wert

$$Q = \int_{\mathbb{R}^*} |\widehat{\psi}(a')|^2 \frac{da'/|\xi|}{|a'/\xi|} = \int_{\mathbb{R}^*} \frac{|\widehat{\psi}(a)|^2}{|a|} da = \frac{1}{2\pi} C_\psi ,$$

unabhängig von ξ. Wir können daher die Gleichungskette (3) fortsetzen mit

$$\langle \mathcal{W}f, \mathcal{W}g \rangle_H = 2\pi \int \widehat{f}(\xi) \overline{\widehat{g}(\xi)} \frac{C_\psi}{2\pi} d\xi = C_\psi \langle f, g \rangle .$$

Nach dem Satz von Fubini sind damit auch alle vorangegangenen Manipulationen gerechtfertigt. ⌐

Bevor wir diesen Satz und seine Konsequenzen analysieren, behandeln wir noch einige Varianten.

Oft werden nur Skalierungsfaktoren $a > 0$ betrachtet, das heißt, man beschränkt sich auf die obere (a, b)-Halbebene

$$\mathbb{R}^2_> := \{(a,b) \mid a \in \mathbb{R}_{>0},\ b \in \mathbb{R}\},$$

wobei dasselbe Maß wie vorher zugrundegelegt wird. Es sei also

$$H' := L^2(\mathbb{R}^2_>, d\mu) = L^2\left(\mathbb{R}_{>0} \times \mathbb{R}, \frac{da\,db}{|a|^2}\right)$$

der zugehörige Hilbertraum. Damit schon für die „halben" Wavelet-Transformierten $\mathcal{W}f \restriction \mathbb{R}^2_>$ eine Plancherel-Formel gilt, muß ψ einer gewissen Symmetriebedingung genügen, nämlich

$$2\pi \int_{<0} \frac{|\widehat{\psi}(a)|^2}{|a|} da = 2\pi \int_{>0} \frac{|\widehat{\psi}(a)|^2}{|a|} da =: C'_\psi . \qquad (4)$$

Diese Bedingung ist automatisch erfüllt, wenn ψ symmetrisch oder reellwertig ist: Ist ψ symmetrisch, so ist auch $\widehat{\psi}$ symmetrisch, und ist ψ eine reellwertige Funktion, so gilt $\widehat{\psi}(-\xi) \equiv \overline{\widehat{\psi}(\xi)}$.

(3.4) *Es sei bezeichne $\mathcal{W}$ die Wavelet-Transformation zu einem gegebenen Wavelet ψ, das der Symmetriebedingung (4) genügt. Dann gilt*

$$\langle \mathcal{W}f, \mathcal{W}g \rangle_{H'} = C'_\psi \langle f, g \rangle$$

für beliebige $f, g \in L^2$.

⌐ Die zu (3) analoge Gleichungskette sieht nun folgendermaßen aus:

$$\langle \mathcal{W}f, \mathcal{W}g \rangle_{H'} = \int_{>0} \left(\int \mathcal{W}f(a,b) \overline{\mathcal{W}g(a,b)} \, db \right) \frac{da}{|a|^2}$$

$$\vdots$$

$$= 2\pi \int \left(\widehat{f}(\xi) \overline{\widehat{g}(\xi)} \int_{>0} |\widehat{\psi}(a\xi)|^2 \frac{da}{|a|} \right) d\xi \, .$$

Das zuletzt angeschriebene innere Integral ($=: Q'$) hat für $\xi = 0$ trivialerweise den Wert 0. Ist $\xi > 0$, so liefert die Substitution

$$a := \frac{a'}{\xi} \quad (a' \in \mathbb{R}_{>0}), \qquad da = \frac{da'}{\xi}$$

den Wert

$$Q' = \int_{>0} |\widehat{\psi}(a')|^2 \frac{da'/\xi}{|a'/\xi|} = \int_{>0} |\widehat{\psi}(a)|^2 \frac{da}{|a|} = \frac{1}{2\pi} C'_\psi \, ,$$

und im Fall $\xi < 0$ erhält man analog mit Hilfe der Substitution

$$a := \frac{a'}{\xi} \quad (a' \in \mathbb{R}_{<0}), \qquad da = \frac{da'}{|\xi|}$$

den Wert

$$Q' = \int_{<0} |\widehat{\psi}(a')|^2 \frac{da'/|\xi|}{|a'/\xi|} = \int_{<0} |\widehat{\psi}(a)|^2 \frac{da}{|a|} = \frac{1}{2\pi} C'_\psi \, .$$

Nun schließt man wieder wie vorher:

$$\langle \mathcal{W}f, \mathcal{W}g \rangle_{H'} = 2\pi \int \widehat{f}(\xi) \overline{\widehat{g}(\xi)} \frac{C'_\psi}{2\pi} d\xi = C'_\psi \langle f, g \rangle \, .$$
⌐

Betrachtet man nocheinmal den Beweis der Plancherel-Formel **(3.3)**, so bemerkt man, daß ihre Bilinearität in den Variablen f und g eine wesentliche Verallgemeinerung ermöglicht: Man darf f und g mit *zwei verschiedenen* Wavelets transformieren und erhält immer noch eine Formel vom Typ **(3.3)**. Dies erhöht natürlich die Flexibilität der Wavelet-Transformation, sowohl bei der Analyse wie bei der Rekonstruktion von Zeitsignalen f.

(3.5) *Es seien ψ und χ zwei Wavelets, und es sei das Integral*

$$2\pi \int_{\mathbb{R}^*} \frac{\overline{\hat{\psi}(a)}\,\hat{\chi}(a)}{|a|}\, da =: C_{\psi\chi} \tag{5}$$

definiert. Bezeichnen $\mathcal{W}_\psi$ und $\mathcal{W}_\chi$ die Wavelet-Transformationen bezüglich ψ und χ, so gilt

$$\langle \mathcal{W}_\psi f, \mathcal{W}_\chi g \rangle_H = C_{\psi\chi} \langle f, g \rangle$$

für beliebige $f, g \in L^2$.

⌐ Man wiederholt den Beweis von **(3.3)**, wobei F_a wie vorher definiert ist durch 3.1.(10), während G_a natürlich zu ersetzen ist durch

$$G_a(\xi) := \sqrt{2\pi}\,|a|^{1/2}\,\hat{g}(\xi)\,\overline{\hat{\chi}(a\xi)}\,.$$

Wir überlassen die Details dem Leser. ⌐

Die hier gefundenen Formeln lassen sich am besten im Rahmen der topologischen Gruppen und ihrer Darstellungen verstehen, siehe dazu [L], Abschnitt 1.6.

3.3 Umkehrformeln

Die kontinuierliche Wavelet-Transformation codiert ein gegebes Zeitsignal, also eine Funktion f von *einer* rellen Variablen t, als eine Funktion $\mathcal{W}f$ von *zwei* reellen Variablen a und b. Anstelle von ∞^1 haben wir nun sozusagen ∞^2 Daten, und das bedeutet, daß f in dem Datensatz $\bigl(\mathcal{W}f(a,b)\,|\,(a,b)\in\mathbb{R}_-^2\bigr)$ hochredundant repräsentiert ist. Dieser Sachverhalt erleichtert natürlich die Rekonstruktion des Ausgangssignals f aus $\mathcal{W}f$ ungemein, und zwar gibt es nicht nur *eine* Umkehrformel wie bei der Fourier-Transformation, sondern letzten Endes beliebig viele derartige Formeln. Wir werden im nächsten Kapitel sehen, daß sogar eine geeignete *diskrete* Kollektion von Werten

$$c_{r,k} := \mathcal{W}f(a_r, b_{r,k})$$

genügt, um f vollständig wiederherzustellen; in anderen Worten: Es gibt auch für die Wavelet-Transformation eine Art Shannon-Theorem.

Rein mengentheoretisch besitzt $\mathbb{R}_-^2$ „gleich viele" Punkte wie $\mathbb{R}$, und darum gibt es auch „gleich viele" Funktionen $u\colon \mathbb{R}_-^2 \to \mathbb{C}$ wie Funktionen $f\colon \mathbb{R} \to \mathbb{C}$. Trotzdem leuchtet ein, daß nicht jeder denkbare Datensatz $\bigl(u(a,b)\,|\,(a,b)\in\mathbb{R}_-^2\bigr)$ als Wavelet-Transformierte einer Funktion $f \in L^2$ auftreten kann. In anderen Worten: Die Werte $\mathcal{W}f(a,b)$ von tatsächlichen Wavelet-Transformierten sind auf geheimnisvolle Weise weiträumig miteinander verknüpft. Auf diesen Punkt werden wir in Abschnitt 3.4 eingehen.

Wir benötigen das folgende Regularisierungslemma:

(3.6) *Es bezeichne*

$$g_\sigma(t) := \frac{1}{\sqrt{2\pi}\,\sigma}\exp\!\left(-\frac{t^2}{2\sigma^2}\right)$$

die Normalverteilung mit Streuung σ, und es sei die Funktion $f \in L^1$ stetig an der Stelle x. Dann gilt

$$\lim_{\sigma\to 0+}(f*g_\sigma)(x) = f(x)\,.$$

⌐ Ist ein $\varepsilon > 0$ vorgegeben, so gibt es ein $h > 0$ mit

$$|f(x-t)-f(x)| < \varepsilon \qquad (\,|t|\le h\,)\,.$$

Wegen $\int g_\sigma(t)\,dt = 1$ ist

$$(f*g_\sigma)(x) - f(x) = \int \bigl(f(x-t)-f(x)\bigr) g_\sigma(t)\,dt$$

und folglich

$$\begin{aligned}
&\bigl|(f*g_\sigma)(x) - f(x)\bigr| \\
&\le \int_{|t|\le h}|f(x-t)-f(x)|\,g_\sigma(t)\,dt + \int_{|t|\ge h}\bigl(|f(x-t)|+|f(x)|\bigr)g_\sigma(t)\,dt \\
&\le \varepsilon\int_{-h}^{h} g_\sigma(t)\,dt + \|f\|_1\, g_\sigma(h) + |f(x)|\int_{|t|\ge h} g_\sigma(t)\,dt\,.
\end{aligned}$$

Hier hat das erste Integral rechter Hand einen Wert < 1, und $g_\sigma(h)$ sowie das letzte Integral streben mit $\sigma \to 0+$ gegen 0, siehe dazu Bild 3.8. Es gibt daher ein σ_0, so daß für alle $\sigma < \sigma_0$ gilt:

$$\bigl|(f*g_\sigma)(x) - f(x)\bigr| < 2\varepsilon\,,$$

was zu beweisen war. ⌐

In diesem Zusammenhang notieren wir noch die für beliebige Zeitsignale $f \in L^2$ gültige Identität

$$(f*g_\sigma)(x) = \langle f, T_x g_\sigma\rangle\,. \tag{1}$$

Hier ist nämlich die linke Seite definitionsgemäß gleich $\int f(t) g_\sigma(x-t)\,dt$ und die rechte auch, da g_σ eine reelle gerade Funktion ist.

3.3 Umkehrformeln

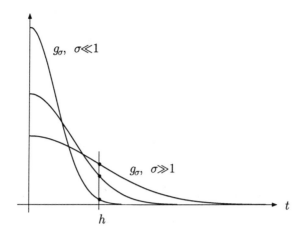

Bild 3.8

Die Plancherel-Formel **(3.3)** läßt sich folgendermaßen schreiben:

$$\langle f, g \rangle = \frac{1}{C_\psi} \int_{\mathbb{R}^2_-} \mathcal{W}f(a,b) \, \langle \psi_{a,b}, g \rangle \, \frac{dadb}{|a|^2} \,. \qquad (2)$$

Setzen wir hier $g := T_x g_\sigma$, so wird daraus

$$\langle f, T_x g_\sigma \rangle = \frac{1}{C_\psi} \int_{\mathbb{R}^2_-} \mathcal{W}f(a,b) \, \langle \psi_{a,b}, T_x g_\sigma \rangle \, \frac{dadb}{|a|^2} \,,$$

und mit (1) ergibt sich

$$(f * g_\sigma)(x) = \frac{1}{C_\psi} \int_{\mathbb{R}^2_-} \mathcal{W}f(a,b) \, (\psi_{a,b} * g_\sigma)(x) \, \frac{dadb}{|a|^2} \,.$$

Führen wir hier den Grenzübergang $\sigma \to 0+$ durch, so erhalten wir mit Hilfe unseres Lemmas **(3.6)** die folgende Rekonstruktionsformel:

(3.7) *Unter geeigneten Voraussetzungen über f und ψ gilt in allen Stetigkeitspunkten x von f:*

$$f(x) = \frac{1}{C_\psi} \int_{\mathbb{R}^2_-} \mathcal{W}f(a,b) \, \psi_{a,b}(x) \, \frac{dadb}{|a|^2} \,. \qquad (3)$$

⌐ Der Grenzübergang unter dem Integralzeichen ist ziemlich heikel. Für die Einzelheiten verweisen wir auf [D], Proposition 2.4.2. ⌐

Die Formel (3) läßt sich „abstrakt" auffassen als

$$f = \frac{1}{C_\psi} \int_{\mathbb{R}^2_-} d\mu \, \mathcal{W}f(a,b) \, \psi_{a,b}(\cdot) \,; \qquad (4)$$

sie stellt also das Ausgangssignal f als Superposition von Waveletfunktionen $\psi_{a,b}$ dar, wobei die Werte $\mathcal{W}f(a,b)$ als Koeffizienten dienen.

Die Gültigkeit von (4) im sogenannten „schwachen Sinn" ist übrigens eine unmittelbare Folge der Plancherel-Formel (3.3). Gemeint ist der folgende funktionalanalytische Hokuspokus: Jeder Vektor $f \in L^2$ tritt auf eine zweite („schwache") Weise in Erscheinung als stetiges konjugiert-lineares Funktional

$$\langle f, \cdot \rangle : \quad L^2 \to \mathbb{C}, \qquad g \mapsto \langle f, g \rangle,$$

und jedes derartige Funktional $\phi: L^2 \to \mathbb{C}$ gehört zu einem ganz bestimmten f. Betrachten wir die Plancherel-Formel in der Gestalt (2) für festes f und variables $g \in L^2$, so besagt sie gerade

$$\langle f, \cdot \rangle = \frac{1}{C_\psi} \int_{\mathbb{R}^2_{>}} d\mu \, \mathcal{W}f(a,b) \, \langle \psi_{a,b}, \cdot \rangle$$

oder, in Worten ausgedrückt: Die „schwache Version" von f wird aus $\mathcal{W}f$ zurückerhalten durch Superposition der Funktionale $\langle \psi_{a,b}, \cdot \rangle$ mit den Werten $\mathcal{W}f(a,b)$ als Koeffizienten. Die formale Übereinstimmung mit (4) ist evident.

Die beiden Varianten (3.4) und (3.5) der Plancherel-Formel liefern analog die folgenden Rekonstruktionsformeln:

(3.8) *Unter geeigneten Stetigkeitsvoraussetzungen gilt*

$$f(x) = \frac{1}{C'_\psi} \int_{\mathbb{R}^2_{>}} \mathcal{W}f(a,b) \, \psi_{a,b}(x) \, \frac{da\,db}{|a|^2},$$

falls ψ die Symmetriebedingung 3.2.(4) erfüllt, und

$$f(x) = \frac{1}{C_{\psi\chi}} \int_{\mathbb{R}^2_{>}} \mathcal{W}_\psi f(a,b) \, \chi_{a,b}(x) \, \frac{da\,db}{|a|^2},$$

sofern $C_{\psi\chi}$, siehe 3.2.(5), definiert ist.

Die letzte Formel läßt sich lesen als

$$f = \frac{1}{C_{\psi\chi}} \int_{\mathbb{R}^2_{>}} d\mu \, \mathcal{W}_\psi f(a,b) \, \chi_{a,b}(\cdot)$$

und leistet die Rekonstruktion von f mit anderen Waveletfunktionen als vorgängig zur Analyse benützt wurden. Derartige Analyse-Synthese-Paarungen werden wir auch bei der diskretisierten Version der Wavelet-Transformation antreffen.

3.4 Die Kernfunktion

Die Formel 3.3.(4) läßt sich folgendermaßen interpretieren: Die Abbildung

$$f \mapsto \frac{1}{C_\psi} \int_{\mathbb{R}^2_-} d\mu \, \langle f, \psi_{a,b} \rangle \, \psi_{a,b}(\cdot) \tag{1}$$

ist die Identität. Wenn in diesem Zusammenhang von einer *Resolution der Identität* gesprochen wird, so ist das fast chemisch zu verstehen: Die Abbildung id: $L^2 \to L^2$ wird in ihre (a,b)-Anteile aufgelöst und am Schluß in dem Integral 3.3.(4) bzw. (1) rekristallisiert. Eine derartige Resolution der Identität treffen wir schon auf ganz elementarem Niveau an: Ist $(\mathbf{e}_1, \ldots, \mathbf{e}_n)$ eine orthonormale Basis im $\mathbb{R}^n$, so gilt identisch in $\mathbf{x} \in \mathbb{R}^n$ die Formel

$$\mathbf{x} = \sum_{k=1}^n \langle \mathbf{x}, \mathbf{e}_k \rangle \, \mathbf{e}_k \, ;$$

in anderen Worten: Die Abbildung

$$\mathbf{x} \mapsto \sum_{k=1}^n \langle \mathbf{x}, \mathbf{e}_k \rangle \, \mathbf{e}_k$$

ist die Identität. Ein wesentlicher Unterschied zu 3.3.(4) bzw. (1) besteht allerdings: Die Vektoren $\mathbf{e}_k$ ($1 \leq k \leq n$) sind linear unabhängig, die Funktionen $\psi_{a,b}$ ($a \in \mathbb{R}^*, b \in \mathbb{R}$) aber nicht. In den Abschnitten 4.1–2 werden wir diese Dinge nocheinmal und in einem allgemeineren Zusammenhang betrachten.

Im Augenblick bleiben wir bei $H := L^2(\mathbb{R}^2_-, d\mu)$. Nach **(3.3)** gilt

$$\|\mathcal{W}f\| \leq \sqrt{C_\psi} \|f\| \qquad (f \in L^2) \, ;$$

folglich ist die Wavelet-Transformation $\mathcal{W}: L^2 \to H$ eine stetige Abbildung. Es bezeichne

$$U := \{\mathcal{W}f \in H \mid f \in L^2\}$$

die Bildmenge. Im vorliegenden Fall gibt es eine Umkehrabbildung

$$\mathcal{W}^{-1}: \quad U \to L^2, \qquad u \mapsto \mathcal{W}^{-1}u,$$

und zwar ist $\mathcal{W}^{-1}$ gemäß 3.3.(4) (jedenfalls formal) gegeben durch die Formel

$$\mathcal{W}^{-1}u = \int_{\mathbb{R}^2_-} d\mu \, u(a,b) \psi_{a,b}(\cdot) \, .$$

Der Raum U aller Wavelet-Transformierten ist ein echter Teilraum von H. So haben zum Beispiel die Funktionen $u \in U$ in allen Punkten (a,b) einen wohlbestimmten Funktionswert, und jedes einzelne derartige u ist wegen 3.1.(7) global beschränkt:

$$\|u\|_\infty := \sup\{u(a,b) \mid (a,b) \in \mathbb{R}^2_-\} < \infty \ .$$

Es gilt aber noch mehr: Der Funktionenraum U besitzt einen sogenannten reproduzierenden Kern, und das bedeutet, daß die Funktionswerte eines $u \in U$ weiträumig untereinander verknüpft sind, wie bei einer holomorphen Funktion. Holomorphe Funktionen haben ja die folgende „Reproduktionseigenschaft": Ist $G \subset \mathbb{C}$ ein Gebiet mit Randzyklus ∂G und ist f auf einer offenen Menge $\Omega \supset G \cup \partial G$ holomorph, so gilt

$$f(z) = \frac{1}{2\pi i} \int_{\partial G} \frac{f(\zeta)}{\zeta - z} d\zeta \qquad (z \in G) \ .$$

Betrachte jetzt ein festes $u \in U$. Es gibt ein $f \in L^2$ mit $u = \mathcal{W}f$. Aufgrund von **(3.3)** haben wir daher

$$u(a,b) = \langle f, \psi_{a,b}\rangle = \frac{1}{C_\psi} \langle \mathcal{W}f, \mathcal{W}\psi_{a,b}\rangle_H = \frac{1}{C_\psi} \langle u, \mathcal{W}\psi_{a,b}\rangle_H \qquad ((a,b) \in \mathbb{R}^2_-) \ . \quad (2)$$

Wenn wir hier die rechte Seite als Integral darstellen wollen, so benötigen wir die Funktion $\mathcal{W}\psi_{a,b}$ als Funktion von neuen Variablen a', b'. Dazu fassen wir $\psi_{a,b}$ als ein Zeitsignal auf und erhalten mit 3.1.(6):

$$\mathcal{W}\psi_{a,b}(a',b') = \langle \psi_{a,b}, \psi_{a',b'}\rangle \ ,$$

so daß (2) in

$$u(a,b) = \frac{1}{C_\psi} \int_{\mathbb{R}^2_-} u(a',b') \overline{\langle \psi_{a,b}, \psi_{a',b'}\rangle} \frac{da'db'}{|a'|^2}$$

übergeht. Die Funktion

$$K(a,b,a',b') := \langle \psi_{a',b'}, \psi_{a,b}\rangle$$

ist für alle $(a,b,a',b') \in \mathbb{R}^2_- \times \mathbb{R}^2_-$ wohldefiniert und heißt *reproduzierender Kern* für die Funktionen $u \in U$. Wir haben nämlich den folgenden Satz bewiesen:

(3.9) (C_ψ, U und K haben die angegebene Bedeutung.) Für beliebige $u \in U$ und $(a,b) \in \mathbb{R}^2_-$ gilt

$$u(a,b) = \frac{1}{C_\psi} \int_{\mathbb{R}^2_-} K(a,b,a',b') \, u(a',b') \frac{da'db'}{|a'|^2} \ . \qquad (3)$$

3.4 Die Kernfunktion

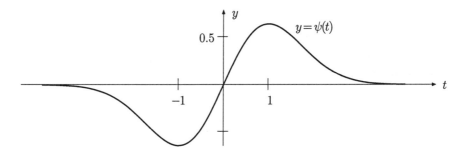

Bild 3.9 Ableitung der Gauß-Funktion

① Als Beispiel wählen wir das Wavelet

$$\psi(t) := \sqrt{2}\,\pi^{-1/4}\,t\,e^{-t^2/2} = -\sqrt{2}\,\pi^{-1/4}\frac{d}{dt}e^{-t^2/2}$$

(Bild 3.9), wobei wir mit dem vorangestellten Zahlenfaktor dafür gesorgt haben, daß $\|\psi\| = 1$ wird. Nach Regel (R4) und Beispiel 2.2.② ist

$$\widehat{\psi}(\xi) = -\sqrt{2}\,\pi^{-1/4}\,i\xi\,e^{-\xi^2/2}\ .$$

Beschränken wir uns auf positive a, so hat die reproduzierende Formel (3) folgende Gestalt:

$$u(a,b) = \frac{1}{C'_\psi}\int_{\mathbb{R}^2_>} K(a,b,a',b')\,u(a',b')\,\frac{da'db'}{|a'|^2}\ .$$

Wir berechnen vorweg das Integral

$$C'_\psi := 2\pi\int_{>0}\frac{|\widehat{\psi}(\xi)|^2}{\xi}d\xi = 4\sqrt{\pi}\int_0^\infty \xi\,e^{-\xi^2}d\xi = 2\sqrt{\pi}\int_0^\infty e^{-u}du = 2\sqrt{\pi}\ .$$

Mit Hilfe der Regel 3.1.(8) ergibt sich weiter

$$\widehat{\psi}_{a,b}(\xi) = a^{1/2}e^{-ib\xi}\,\widehat{\psi}(a\xi) = -\sqrt{2}\,\pi^{-1/4}a^{3/2}\,i\,e^{-ib\xi}\,\xi\,e^{-a^2\xi^2/2}$$

und ein analoger Ausdruck für $\widehat{\psi}_{a',b'}$. Nach der Parsevalschen Formel haben wir daher

$$K(a,b,a',b') = \langle \widehat{\psi}_{a',b'}, \widehat{\psi}_{a,b}\rangle = \frac{2}{\sqrt{\pi}}a^{3/2}a'^{3/2}\int e^{i(b-b')\xi}\,\xi^2\,e^{-(a^2+a'^2)\xi^2/2}d\xi\ .$$

Das Integral läßt sich als Fourier-Integral auffassen, und zwar ist

$$K(a,b,a',b') = 2\sqrt{2}\,a^{3/2}a'^{3/2}\widehat{G}(b'-b) \qquad (4)$$

für die Funktion
$$G(\xi) := \xi^2 e^{-(a^2+a'^2)\xi^2/2}.$$
Wir setzen zur Abkürzung $\sqrt{a^2+a'^2} =: A$. Die Funktion $\xi \mapsto e^{-\xi^2/2}$ wird durch die Fourier-Transformation reproduziert; somit besitzt $g(\xi) := e^{-(A\xi)^2/2}$ nach Regel (R3) die Fourier-Transformierte
$$\hat{g}(x) = \frac{1}{A} e^{-(x/A)^2/2},$$
und mit (2.13) ergibt sich
$$\hat{G}(x) = -(\hat{g})''(x) = \frac{1}{A^5}(A^2 - x^2) e^{-(x/A)^2/2}.$$
Tragen wir das in (4) ein, so erhalten wir schließlich
$$K(a,b,a',b') = \sqrt{8}\,\frac{a^{3/2}a'^{3/2}}{A^5}(A^2-x^2)\,e^{-(x/A)^2/2}, \qquad x:=b'-b, \quad A:=\sqrt{a^2+a'^2}.$$
$\bigcirc$

② Wir überlassen es dem Leser als Übungsaufgabe, C'_ψ und die Kernfunktion für das Haar-Wavelet zu berechnen. Da hier die Skalarprodukte $\langle \psi_{a',b'}, \psi_{a,b}\rangle$ an geeigneten Figuren (Bild 3.10) unmittelbar abgelesen werden können, ist es nicht nötig, den Umweg über die Fourier-Transformation zu machen. Dafür gibt es zahlreiche Fallunterscheidungen, und am Schluß resultiert kein einfacher Ausdruck für die Kernfunktion K.
$\bigcirc$

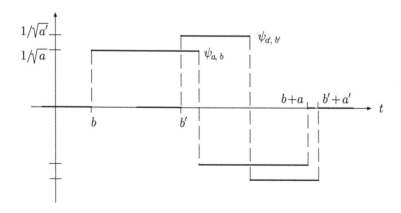

Bild 3.10

3.5 Abklingverhalten

Die asymptotischen Eigenschaften der Funktion $(a,b) \mapsto \mathcal{W}f(a,b)$ interessieren in erster Linie für $a \to 0$. In den zu $|a| \ll 1$ gehörenden Werten von $\mathcal{W}f$ ist Information über die hochfrequenten oder/und kurzlebigen (englisch: *transient*) Anteile von f gespeichert. Von der Fourier-Transformation wissen wir, daß z.B. Sprungstellen des Zeitsignals ein langsames Abklingen von $\hat{f}(\xi)$ für $\xi \to \pm\infty$ zur Folge haben. Die Umkehrformel (in der Praxis eine geeignete Diskretisierung dieser Formel) konvergiert dann auch in denjenigen Zonen der t-Achse schlecht, wo f an sich glatt ist. Bei der Wavelet-Transformation läßt sich diese Konvergenzverschlechterung lokalisieren: Verhält sich das Zeitsignal f in der Umgebung von $t = b$ anständig, so klingt $\mathcal{W}f(a,b)$ mit $a \to 0$ sehr schnell gegen 0 ab; und nur in Zonen mit ausgeprägten Spitzen oder Knackpunkten des Zeitsignals ist mit einem schlechten Abklingen von $\mathcal{W}f(a,b)$ mit $a \to 0$ zu rechnen.

Dieser Umstand hat entscheidende praktische Konsequenzen: Bei der praktisch-numerischen Behandlung eines Signals f werden von der Wavelet-Transformierten $\mathcal{W}f(a,b)$ nur (zum Beispiel) die Werte $c_{r,k} := \mathcal{W}f(2^r, k\,2^r)$ berechnet und abgespeichert. Wenn sich nun das Signal über weite Teile der Zeitachse hochanständig verhält (also zum Beispiel r-mal differenzierbar ist), so wird der überwiegende Teil der $c_{r,k}$ so verschwindend klein ausfallen, daß man diese $c_{r,k}$ ebensogut als 0 ansehen kann. Damit wird nun eine unerhörte Datenkompression möglich: Nur die $c_{r,k}$, deren Betrag einen gewissen Schwellenwert überschreitet, werden überhaupt abgespeichert und bei der späteren Rekonstruktion von f verwendet. Es zeigt sich, daß diese „wesentlichen" $c_{r,k}$ vollauf genügen, um das Ausgangssignal für alle t mit der gewünschten Genauigkeit wiederherzustellen.

Wir beginnen mit zwei einfachen Aussagen.

(3.10) *Es werde ein Wavelet ψ mit $t\psi \in L^1$ zugrundegelegt. Das Zeitsignal $f \in L^2$ sei beschränkt und an der Stelle b Hölder-stetig: In einer Umgebung von b gilt*

$$|f(t) - f(b)| \leq C|t-b|^\alpha \tag{1}$$

mit einem $\alpha \in\,]0,1]$. Dann ist

$$|\mathcal{W}f(a,b)| \leq C'|a|^{\alpha+\frac{1}{2}} . \tag{2}$$

⌈ Es genügt, den Fall $a > 0$ zu betrachten. Da f beschränkt ist, können wir (nach allfälliger Vergrößerung von C) annehmen, daß (1) für alle $t \in \mathbb{R}$ gilt. Aus $\int \psi(t)\,dt = 0$ folgt

$$\mathcal{W}f(a,b) = \frac{1}{a^{1/2}} \int \bigl(f(t) - f(b)\bigr)\,\overline{\psi\Bigl(\frac{t-b}{a}\Bigr)}\,dt$$

und somit
$$|\mathcal{W}f(a,b)| \leq \frac{C}{a^{1/2}} \int |t-b|^\alpha \left|\psi\left(\frac{t-b}{a}\right)\right| dt .$$
Hier substituieren wir $t := b + ay$ ($-\infty < y < \infty$) und erhalten
$$|\mathcal{W}f(a,b)| \leq C |a|^{\alpha+\frac{1}{2}} \int |y|^\alpha |\psi(y)| dy .$$
Aus $\alpha \leq 1$ folgt $|y|^\alpha \leq 1 + |y|$; nach Voraussetzung über ψ hat somit das letzte Integral einen endlichen Wert, und (2) ist bewiesen. $\quad\lrcorner$

Eine Lipschitz-stetige, kurz: *lipstetige*, Funktion ist Hölder-stetig mit Exponent $\alpha = 1$. Wir haben daher das folgende Korollar:

(3.11) *Es werde ein Wavelet ψ mit $t\psi \in L^1$ zugrundegelegt. Das Zeitsignal $f \in L^2$ sei global lipstetig. Dann gibt es ein C, unabhängig von b, mit*
$$|\mathcal{W}f(a,b)| \leq C |a|^{3/2} .$$

Von der Umkehrung dieser Aussagen gibt es verschiedene Varianten, siehe [D], Th. 2.9.2 und 2.9.4. Wir führen hier ohne Beweis die folgende an:

(3.12) *Es werde ein Wavelet ψ mit kompaktem Träger zugrundegelegt. Ist $f \in L^2$ ein stetiges Zeitsignal, dessen Wavelet-Transformierte einer Abschätzung der Form*
$$|\mathcal{W}f(a,b)| \leq C |a|^{\alpha+\frac{1}{2}} \qquad ((a,b) \in \mathbb{R}^2_-)$$
mit einem $\alpha \in {]}0,1]$ genügt, so ist f global Hölder-stetig mit Exponent α.

Die nächsten Resultate sind von wesentlich feinerer Natur. Es geht daraus hervor, daß wir dem Mutter-Wavelet ψ außer $\int \psi(t)\, dt = 0$ noch weitere derartige Bedingungen auferlegen müssen, wenn wir die Abkling-Eigenschaften der zugehörigen Transformierten $\mathcal{W}f$ optimieren wollen.

Wir benötigen den folgenden Begriff: Für beliebiges $k \in \mathbb{N}$ heißt
$$M_k(\psi) := \begin{cases} \int t^k \psi(t)\, dt & (t^k \psi \in L^1) \\ \infty & (\text{sonst}) \end{cases}$$
das k-te *Moment* von $\psi \in L^1$. Das Wavelet ψ ist von der *Ordnung* N, wenn folgendes gilt:
$$t^N \psi \in L^1 \,; \quad M_k(\psi) = 0 \quad (0 \leq k \leq N-1)\,, \quad M_N(\psi) =: \gamma \neq 0 .$$
Ohne besondere Maßnahmen ist die Ordnung eines Wavelets $= 1$, für ein symmetrisches ψ ist die Ordnung ≥ 2 (Existenz der Momente vorausgesetzt). Die Fourier-Transformierte eines ψ der Ordnung N ist nach **(2.13)** N-mal stetig differenzierbar, und es gilt
$$\widehat{\psi}^{(k)}(0) = 0 \quad (0 \leq k \leq N-1)\,, \quad \widehat{\psi}^{(N)}(0) \neq 0 ;$$
folglich besitzt $\widehat{\psi}$ an der Stelle 0 eine Taylor-Entwicklung der Form
$$\widehat{\psi}(\xi) = \gamma' \xi^N + \text{höhere Terme}\,, \quad \gamma' \neq 0 . \qquad (3)$$

3.5 Abklingverhalten   75

(3.13) *Es werde ein Wavelet ψ der Ordnung N mit kompaktem Träger zugrundegelegt. Ist das Zeitsignal $f \in L^2$ in einer Umgebung U der Stelle b von der Klasse C^N, so gilt*

$$\mathcal{W}f(a,b) = |a|^{N+\frac{1}{2}}\bigl(\gamma' f^{(N)}(b) + o(1)\bigr) \qquad (a \to 0) \tag{4}$$

mit $\gamma' := \operatorname{sgn}^N(a)\,\overline{\gamma}/N!$.

⌐ Es sei $\psi(t) \equiv 0$ für $|t| > T$. Wir betrachten nur den Fall $a > 0$ und nehmen a von vorneherein so klein an, daß das Intervall $[\,b-aT, b+aT\,]$ ganz in U liegt. Die Funktion f läßt sich an der Stelle b nach Taylor entwickeln: Für $t \in U$ gibt es ein τ zwischen b und t mit

$$\begin{aligned}
f(t) &= j_b^{N-1} f(t) + \frac{f^{(N)}(\tau)}{N!}(t-b)^N \\
&= j_b^N f(t) + \frac{f^{(N)}(\tau) - f^{(N)}(b)}{N!}(t-b)^N \, ;
\end{aligned} \tag{5}$$

dabei hat das Anfangsstück die Form

$$j_b^N f(t) = \sum_{k=0}^{N} c_k (t-b)^k \, .$$

Für $\mathcal{W}f(a,b) := a^{-1/2} \int f(t)\, \overline{\psi((t-b)/a)}\, dt$ benötigen wir daher unter anderem die folgenden Integrale:

$$\int (t-b)^k\, \overline{\psi\!\left(\frac{t-b}{a}\right)}\, dt = a^{k+1} \int t'^k\, \overline{\psi(t')}\, dt' = \begin{cases} 0 & (0 \le k \le N-1) \\ a^{N+1}\overline{\gamma} & (k = N) \end{cases}.$$

Damit ergibt sich bereits

$$\mathcal{W}f(a,b) = a^{N+\frac{1}{2}}\, \overline{\gamma}\, \frac{f^{(N)}(b)}{N!} + R\,,$$

wobei wir nun noch den vom Restterm in (5) herrührenden Rest R abschätzen müssen. Dazu benötigen wir die Hilfsfunktion

$$\omega(h) := \sup_{|\tau - b| \le h} \bigl| f^{(N)}(\tau) - f^{(N)}(b) \bigr| \qquad (h \ge 0)\,;$$

nach Voraussetzung über f ist

$$\lim_{h \to 0+} \omega(h) = 0\,. \tag{6}$$

Für den Rest R erhalten wir mit Hilfe der Substitution $t := b + at'$ $(-T \le t' \le T)$ die Darstellung

$$R = \frac{1}{a^{1/2} N!} \int \left(f^{(N)}(\tau) - f^{(N)}(b)\right) (t-b)^N \overline{\psi\left(\frac{t-b}{a}\right)} dt$$
$$= \frac{a^{N+\frac{1}{2}}}{N!} \int_{-T}^{T} \left(f^{(N)}(\tau) - f^{(N)}(b)\right) t'^N \overline{\psi(t')} dt' .$$

Hier liegt der (variable) Punkt τ zwischen b und $t = b + at'$, so daß wir R folgendermaßen abschätzen können:

$$|R| \le \frac{a^{N+\frac{1}{2}}}{N!} \int_{-T}^{T} \omega(a|t'|) |t'|^N |\psi(t')| dt' \le \frac{a^{N+\frac{1}{2}}}{N!} \omega(aT) \int_{-T}^{T} |t'|^N |\psi(t')| dt' .$$

Nach Voraussetzung über ψ existiert das letzte Integral; mit (6) folgt daher

$$R = a^{N+\frac{1}{2}} o(1) \qquad (a \to 0) ,$$

wie behauptet. ⌟

Nach diesem Satz wird das Abklingverhalten von $\mathcal{W}f$ in Zonen der b- bzw. der t-Achse, wo das Signal f hinreichend glatt ist, durch die Ordnung N des verwendeten Wavelets bestimmt. Man kann sogar noch mehr sagen: Der in der asymptotischen Formel (4) auftretende Proportionalitätsfaktor ist im wesentlichen der Ableitungswert $f^{(N)}(b)$, so daß der „Zoom"

$$a \mapsto \mathcal{W}f(a,b) \qquad (a \to 0)$$

geradezu als Meßinstrument für diesen Ableitungswert verwendet werden kann. — Jedenfalls lohnt es sich aus den am Anfang dieses Abschnitts erläuterten Gründen, die Ordnung des verwendeten Wavelets möglichst hoch anzusetzen.

Ist f weniger regulär, als von der Ordnung des verwendeten Wavelets honoriert wird, so läßt sich in Verallgemeinerung von **(3.11)** folgendes sagen:

(3.14) *Es werde ein Wavelet ψ der Ordnung N zugrundegelegt. Das Zeitsignal $f \in L^2$ sei von der Klasse C^r, $r < N$, und zwar sei $f^{(r)}$ global lipstetig. Dann gibt es ein C, unabhängig von b, mit*

$$|\mathcal{W}f(a,b)| \le C |a|^{r+\frac{3}{2}} .$$

⌜ Wir dürfen wiederum $a > 0$ annehmen. Wird die Funktion f an einer beliebigen Stelle b nach Taylor entwickelt, so ergibt sich (vgl. (5))

$$f(t) = j_b^r f(t) + \frac{f^{(r)}(\tau) - f^{(r)}(b)}{r!} (t-b)^r$$

3.5 Abklingverhalten

für ein τ zwischen b und t. Wegen $r < N$ liefert nur der Restterm einen Beitrag an $\mathcal{W}f(a,b)$, und wir erhalten

$$\mathcal{W}f(a,b) = \frac{1}{r!\,a^{1/2}} \int \left(f^{(r)}(\tau) - f^{(r)}(b)\right)(t-b)^r \overline{\psi\left(\frac{t-b}{a}\right)} dt$$

$$= \frac{a^{r+\frac{1}{2}}}{r!} \int \left(f^{(r)}(\tau) - f^{(r)}(b)\right) t'^r \,\overline{\psi(t')}\, dt' \ .$$

Der Punkt τ liegt zwischen b und $t = b + at'$; nach Voraussetzung über f gilt daher

$$\left|f^{(r)}(\tau) - f^{(r)}(b)\right| \leq C_{\text{lip}}\, a\, |t'|$$

für ein geeignetes C_{lip}. Damit können wir $\mathcal{W}f(a,b)$ wie folgt abschätzen:

$$\left|\mathcal{W}f(a,b)\right| \leq \frac{C_{\text{lip}}\, a^{r+\frac{3}{2}}}{r!} \int |t'|^{r+1} |\psi(t')|\, dt' \ ,$$

wobei das letzte Integral nach Voraussetzung über ψ einen endlichen Wert hat. ⌐

Zum Schluß wollen wir untersuchen, wie sich ein Knackpunkt des Signals f bemerkbar macht. Unter einem r-*Knackpunkt*, $r \geq 0$, verstehen wir eine isolierte Sprungstelle b der r-ten Ableitung von f:

$$f^{(r)}(b+) - f^{(r)}(b-) =: \Delta \ .$$

Im übrigen sei $f^{(r)}$ in der Umgebung von b stetig. Wir beweisen darüber:

(3.15) *Es werde ein Wavelet ψ der Ordnung N mit kompaktem Träger zugrundegelegt. Das Zeitsignal $f \in L^2$ besitze an der Stelle b einen r-Knackpunkt, $r < N$. Dann gilt*

$$\mathcal{W}f(a,b) = |a|^{r+\frac{1}{2}}\bigl(C\Delta + o(1)\bigr) \qquad (a \to 0)$$

mit einer von f unabhängigen Konstanten C.

Der linke Teil von Bild 3.7 illustriert den Fall $r = 1$, $N = 2$ dieses Satzes.

⌐ Wir dürfen ohne Einschränkung der Allgemeinheit $b = 0$ annehmen; ferner genügt es, den Fall $a \to 0+$ zu betrachten. Anstelle von (5) gilt dann

$$f(t) = j_0^{r-1} f(t) + \frac{f^{(r)}(0+)}{r!} t^r + \frac{f^{(r)}(\tau) - f^{(r)}(0+)}{r!} t^r \qquad (t > 0)$$

für ein τ zwischen 0 und t; analog für $t < 0$. Mit

$$\frac{f^{(r)}(0+) + f^{(r)}(0-)}{2} =: A$$

ergibt sich folgende für alle t gültige Darstellung von f:

$$f(t) = j_0^{r-1} f(t) + \frac{A}{r!} t^r + \frac{\Delta}{2\,r!} \operatorname{sgn} t \cdot t^r + \frac{f^{(r)}(\tau) - f^{(r)}(0\pm)}{r!} t^r ,$$

wobei $\pm$ sinngemäß zu interpretieren ist. Wegen $N > r$ erhalten wir daher

$$\begin{aligned}\mathcal{W}f(a,0) &= \frac{1}{r!\, a^{1/2}} \int \Big(\frac{\Delta}{2} \operatorname{sgn} t + \big(f^{(r)}(\tau) - f^{(r)}(0\pm)\big)\Big) t^r \overline{\psi\Big(\frac{t}{a}\Big)} \, dt \\ &= \frac{a^{r+\frac{1}{2}}}{r!} \int_{-T}^{T} \Big(\frac{\Delta}{2} \operatorname{sgn} t' + \big(f^{(r)}(\tau) - f^{(r)}(0\pm)\big)\Big) t'^r \overline{\psi(t')} \, dt' . \quad (7)\end{aligned}$$

Setzen wir

$$\frac{1}{2\,r!} \int_{-T}^{T} \operatorname{sgn} t \cdot t^r \, \overline{\psi(t)} \, dt =: C ,$$

so ergibt sich bereits

$$\mathcal{W}f(a,0) = C\,\Delta\, a^{r+\frac{1}{2}} + R .$$

Um nun den Rest R abzuschätzen, benützen wir die für $h > 0$ definierte Hilfsfunktion

$$\omega(h) := \sup_{0 < |\tau| \leq h} \big|f^{(r)}(\tau) - f^{(r)}(0\pm)\big| ,$$

wobei $\pm$ auch hier sinngemäß zu interpretieren ist. Nach Voraussetzung über f gilt wie oben

$$\lim_{h \to 0+} \omega(h) = 0 . \qquad (8)$$

Der (variable) Punkt τ im Integral (7) liegt zwischen 0 und $t = at'$, so daß wir den Rest R folgendermaßen beschränken können:

$$|R| \leq \frac{a^{r+\frac{1}{2}}}{r!} \int_{-T}^{T} \omega\big(a\,|t|\big) \, |t|^r \, |\psi(t)| \, dt \leq \frac{a^{r+\frac{1}{2}}}{r!} \omega(aT) \int_{-T}^{T} |t|^r \, |\psi(t)| \, dt .$$

Da hier das letzte Integral existiert, schließen wir mit (8) auf die behauptete Formel

$$R = o\big(a^{r+\frac{1}{2}}\big) \qquad (a \to 0+) .$$

4 Frames

Der allgemeine Begriff des „Frames" (von englisch *frame*; es gibt dafür keinen treffenden deutschen Ausdruck) ermöglicht, die kontinuierliche und die diskrete Wavelet-Transformation unter einem einheitlichen funktionalanalytischen Gesichtspunkt darzustellen. Die nachfolgenden Abschnitte 4.1–2 sind im wesentlichen [K], Kapitel 4, nachempfunden, wo dieser einheitliche Aspekt besonders klar herausgearbeitet ist.

Aufs knappste zusammengefaßt: Ein Frame ist eine Kollektion $a. := \bigl(a_\iota \,|\, \iota \in I\bigr)$ von Vektoren eines Hilbertraums X, die so reichhaltig ist, daß kein $x \in X$ auf allen a_ι senkrecht steht. Im unendlichdimensionalen Fall ist das nicht so leicht sicherzustellen. Die a_ι brauchen nicht linear unabhängig (geschweige denn orthonormiert) zu sein; in diesem Sinne sind Frames im allgemeinen redundant.

4.1 Geometrische Betrachtungen

Zur Einübung betrachten wir die folgende Situation:

Es sei X ein *endlichdimensionaler* komplexer Hilbertraum: $\dim X =: n < \infty$, und es seien r Vektoren $a_1, \ldots, a_r \in X$ gegeben, wobei man sich die Anzahl r größer als n vorstellen soll. Mit Hilfe dieser a_j konstruieren wir die Abbildung

$$T\colon\ X \to \mathbb{C}^r, \qquad x \mapsto Tx\,;\qquad (Tx)_j := \langle x, a_j\rangle \qquad (1 \le j \le r)\,.$$

Bezeichnet $(e_1, \ldots, e_r)$ die Standardbasis von $\mathbb{C}^r =: Y$, so können wir T folgendermaßen darstellen:

$$Tx = \sum_{j=1}^{r} \langle x, a_j\rangle\, e_j\,. \tag{1}$$

Da X Dimension n hat, ist der Bildraum

$$U := \operatorname{im}(T) := \{Tx \mid x \in X\}$$

höchstens n-dimensional. Folglich ist U ein echter Teilraum des r-dimensionalen Raums Y, falls $r > n$ ist, siehe dazu Bild 4.1.

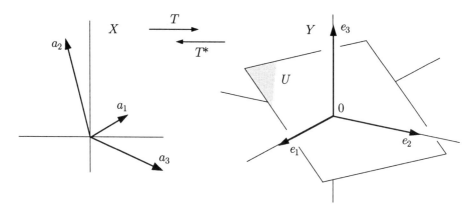

Bild 4.1

Wir wollen nun die folgenden Fragen untersuchen: Ist ein Vektor $x \in X$ durch sein Bild $y := Tx \in Y$ eindeutig bestimmt? Anders ausgedrückt: Ist T injektiv? Oder noch anders: Ist $\ker T = 0$? Und, wenn ja: Wie erhält man in diesem Fall x aus y zurück?

Ist T injektiv (und damit grundsätzlich invertierbar), so heißt die vorgegebene Kollektion $a_\cdot := (a_1, \ldots, a_r)$ von Vektoren $a_j \in X$ ein *Frame*, und T ist der zu $a_\cdot$ gehörige *Frame-Operator*.

Y wird auf einfache Weise ein Hilbertraum vermöge des Standard-Skalarprodukts

$$\langle y, z \rangle := \sum_{k=1}^{r} y_k \overline{z_k}, \qquad (2)$$

was man gehoben wie folgt ausdrücken kann: $Y = L^2(\{1, \ldots, r\}, \#)$. Die Vektoren $y \in Y$ lassen sich nämlich als Funktionen

$$\{1, \ldots, r\} \to \mathbb{C}, \qquad k \mapsto y_k$$

auffassen, und $\#$ bezeichnet allgemein das *Zählmaß*, das jedem Punkt der jeweiligen Grundmenge das Maß (bzw. die Masse) 1 zuweist.

Die Abbildung T ist nun eine Abbildung zwischen Hilberträumen, und wir können ihre *Adjungierte* $T^* \colon Y \to X$ betrachten, die durch folgende Identität charakterisiert ist:

$$\langle x, T^*y \rangle_X = \langle Tx, y \rangle_Y \qquad \forall x \in X, \, \forall y \in Y.$$

Insbesondere ist

$$\langle x, T^*e_j \rangle = \langle Tx, e_j \rangle = (j\text{-te Koordinate von } Tx) = \langle x, a_j \rangle \qquad \forall x \in X,$$

und hieraus schließt man auf

$$T^*e_j = a_j \qquad (1 \leq j \leq r). \qquad (3)$$

4.1 Geometrische Betrachtungen

Durch Zusammensetzung von T mit T^* erhält man den (von uns so genannten) *Gram-Operator*

$$G := T^*T\colon\ X \to X,$$

eine Abbildung von X nach X.[1] Wenden wir in (1) auf beiden Seiten T^* an, so erhalten wir wegen (3) für G die Formel

$$Gx = \sum_{j=1}^{r} \langle x, a_j \rangle a_j. \qquad (4)$$

Wir behaupten, es gilt

$$\ker T = \ker G. \qquad (5)$$

⌐ Aus $Tx = 0$ folgt natürlich $Gx = 0$. Die Umkehrung ergibt sich mit Hilfe der Identität

$$\|Tx\|^2 = \langle Tx, Tx \rangle = \langle T^*Tx, x \rangle = \langle Gx, x \rangle. \qquad (6)$$

⌐

Aus (5) ziehen wir den folgenden Schluß:

(4.1) *Die Abbildung* $T\colon X \to Y$ *ist genau dann injektiv, wenn der zugehörige Gram-Operator* $G := T^*T\colon X \to X$ *regulär ist.*

Wir müssen also den Gram-Operator genauer untersuchen. Für beliebige $x, u \in X$ gilt

$$\langle x, Gu \rangle = \langle x, T^*Tu \rangle = \langle Tx, Tu \rangle = \langle T^*Tx, u \rangle = \langle Gx, u \rangle. \qquad (7)$$

Der Operator G ist also selbstadjungiert, folglich sind alle seine Eigenwerte λ_i reell. Weiter: Ist λ ein Eigenwert von G und $x \neq 0$ ein zugehöriger Eigenvektor, so ergibt sich mit (6):

$$\lambda \langle x, x \rangle = \langle Gx, x \rangle = \|Tx\|^2 \geq 0$$

und damit $\lambda \geq 0$. Wir ordnen die λ_i der Größe nach wie folgt:

$$0 \leq A := \lambda_1 \leq \lambda_2 \leq \ldots \leq \lambda_n =: B.$$

Im weiteren gibt es eine orthonormierte Basis $(\bar{e}_1, \ldots, \bar{e}_n)$ von X, die G diagonalisiert. Wird diese Basis zugrundegelegt, so besitzt der Punkt $x = (x_1, \ldots, x_n)$ das Bild $Gx = (\lambda_1 x_1, \ldots, \lambda_n x_n)$. Hieraus ergeben sich die folgenden entscheidenden Ungleichungen:

$$\|Tx\|^2 = \langle Gx, x \rangle = \sum_{k=1}^{n} \lambda_k |x_k|^2 \begin{cases} \geq A \|x\|^2 \\ \leq B \|x\|^2 \end{cases}.$$

Wir können daher den folgenden Satz aussprechen:

---

[1] Unter der *Gram-Matrix* versteht man üblicherweise die Matrix der Skalarprodukte $\langle a_k, a_l \rangle$. Das ist *nicht* die Matrix von G, sondern die Matrix der Abbildung $TT^*\colon Y \to Y$.

(4.2) *Eine Kollektion* $a_\bullet = (a_1, \ldots, a_r)$ *von Vektoren ist genau dann ein Frame, wenn es Konstanten* $B \geq A > 0$ *gibt mit*

$$A \|x\|^2 \leq \|Tx\|^2 \leq B \|x\|^2 \quad \forall x \in X \, .$$

Die Zahlen $B \geq A > 0$ sind die *Frame-Konstanten* des Frames $a_\bullet$. Ist $A = B$, so heißt das Frame $a_\bullet$ *straff* (englisch: *tight*). In diesem Fall gilt

$$\|Tx\|^2 = A \|x\|^2 \quad \forall x \in X \, ,$$

in Worten: T bildet X im wesentlichen isometrisch auf U ab; ferner ist dann

$$G = A \cdot \mathbf{1}_X \, ,$$

wobei $\mathbf{1}_X$ die identische Abbildung des Vektorraums X bezeichnet.

① Wir wählen als X den Raum $\mathbb{C}^2$ mit Standard-Skalarprodukt (2). Für eine fest gewählte Zahl $r \geq 2$ betrachten wir nun die r Vektoren

$$a_j := \frac{1}{\sqrt{2}} (\omega^j, \bar{\omega}^j) \quad (0 \leq j \leq r-1) \, ,$$

dabei haben wir zur Abkürzung $\omega := e^{2\pi i/r}$ gesetzt. Bild 4.2 zeigt die ersten Koordinaten der Einheitsvektoren a_j. Wir betrachten nun den zugehörigen Frame-Operator $T\colon X \to \mathbb{C}^r$. Für allgemeines $x = (x_1, x_2) \in X$ haben wir

$$(Tx)_j = \langle x, a_j \rangle = \frac{1}{\sqrt{2}} (x_1 \bar{\omega}^j + x_2 \omega^j)$$

und folglich

$$\|Tx\|^2 = \frac{1}{2} \sum_{j=0}^{r-1} (x_1 \bar{\omega}^j + x_2 \omega^j)(\bar{x}_1 \omega^j + \bar{x}_2 \bar{\omega}^j) \underset{\uparrow}{=} \frac{1}{2} \sum_{j=0}^{r-1} (|x_1|^2 + |x_2|^2) = \frac{r}{2} \|x\|^2$$

(an der mit ↑ markierten Stelle haben wir benutzt, daß $\sum_{j=0}^{r-1} \omega^{2j} = 0$ ist). Aufgrund der erhaltenen Identität ist die Kollektion $a_\bullet = (a_0, \ldots, a_{r-1})$ ein straffes Frame mit Frame-Konstanten $A = r/2$. Man kann $r/2$ als Maß für die Redundanz des Frames $a_\bullet$ interpretieren: Für $\mathbb{C}^2$ würden an sich 2 Basisvektoren genügen. ○

4.1 Geometrische Betrachtungen

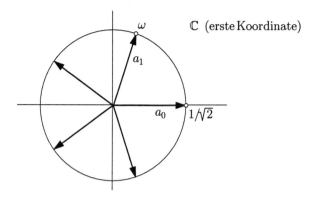

Bild 4.2

② Es sei $a_. = (a_1, \ldots, a_n)$ eine orthonormierte Basis des Hilbertraums X. Dann gilt
$$\|Tx\|^2 = \sum_{j=1}^n |\langle x, a_j\rangle|^2 = \|x\|^2 \quad \forall x \in X \,;$$
folglich ist $a_.$ ein straffes Frame mit $A = 1$. ○

③ Um die geometrische Anschauung zu verstärken, betrachten wir noch die folgende *reelle* Situation: Es seien
$$\mathbf{a}_j = (a_{j1}, a_{j2}, a_{j3}) \quad (1 \leq j \leq 3) \tag{8}$$
drei linear unabhängige Vektoren im euklidischen $\mathbb{R}^3$. Schreibt man die drei Zeilenvektoren (8) untereinander, so ergibt sich eine reguläre (3×3)-Matrix $[M]$. Der Frame-Operator T bildet ein allgemeines $\mathbf{x} \in \mathbb{R}^3$ ab auf den Vektor
$$T\mathbf{x} := \Big(\sum_{k=1}^3 a_{1k}x_k, \sum_{k=1}^3 a_{2k}x_k, \sum_{k=1}^3 a_{3k}x_k\Big) \in \mathbb{R}^3$$
mit Betragsquadrat
$$\|T\mathbf{x}\|^2 = \sum_{j=1}^3 \Big(\sum_{k=1}^3 a_{jk}x_k\Big)^2 = \sum_{j=1}^3 \Big(\sum_{k,l} a_{jk}a_{jl}x_kx_l\Big) = \sum_{k,l} \Big(\sum_{j=1}^3 a_{jk}a_{jl}\Big) x_k\, x_l \,.$$

Es geht also um die quadratische Form Q, deren Matrizenelemente Q_{kl} gegeben sind durch
$$Q_{k,l} := \sum_{j=1}^3 a_{jk}a_{jl}$$

Das sind nicht die Skalarprodukte der a_j, sondern die Skalarprodukte der *Kolonnenvektoren* von $[M]$. Es gilt also die Matrizengleichung $[Q] = [M]'[M]$, wobei hier der ′ die Transposition bezeichnet. Die symmetrische Matrix $[Q]$ ist somit ebenfalls regulär. Folglich ist die quadratische Form Q positiv definit und nimmt auf der Einheitssphäre $S^2 \subset \mathbb{R}^3$ ein Minimum $A > 0$ und ein Maximum B an. Daraus folgt sofort, daß die drei gegebenen Vektoren ein Frame mit Frame-Konstanten A und B bilden. ◯

Wir wenden uns nun der zweiten Frage zu: Wie läßt sich der Vektor $x \in X$ aus seinem Bild $y := Tx$ zurückgewinnen?

Es sei also $a_. = (a_1, \ldots, a_r)$ ein Frame und $G \colon X \to X$ der zugehörige Gram-Operator. G ist regulär, folglich existiert die Inverse $G^{-1} \colon X \to X$. Für die weitere Abbildung

$$S := G^{-1}T^* \colon \quad Y \to X$$

gilt

$$ST = G^{-1}T^*T = G^{-1}G = \mathbf{1}_X \; ; \qquad (9)$$

in Worten: S ist Linksinverse des Frame-Operators T und läßt sich daher zur Rekonstruktion von x aus $y = Tx$ verwenden. Ist das Frame $a_.$ straff, so ist $G^{-1} = \frac{1}{A}\mathbf{1}_X$ und folglich $S = \frac{1}{A}T^*$. In diesem Fall erhält man also die Rücktransformation S gratis, d.h. ohne Berechnung einer Inversen.

Wir betrachten jetzt die gegenüber (9) umgestellte Zusammensetzung

$$P := TS \colon \quad Y \to Y$$

und behaupten:

(4.3) $P := TS$ *ist die Orthogonalprojektion von Y auf den Unterraum $U := \mathrm{im}(T)$.*

⌐ Es bezeichne P_U die angegebene Orthogonalprojektion. Jeder Vektor $y \in Y$ besitzt eine wohlbestimmte Zerlegung

$$y = u + v, \qquad u = P_U y \in U, \quad v \in U^\perp \,.$$

Für Vektoren $u = Tx \in U$ folgt aus (9) die Identität $Pu = TSTx = Tx = u$. Für ein $v \in U^\perp$ gilt

$$\langle x, T^*v \rangle = \langle Tx, v \rangle = 0 \qquad \forall x \in X \,.$$

Hieraus schließen wir auf $T^*v = 0$, was $Pv = T(G^{-1}T^*)v = 0$ nach sich zieht. Im ganzen ergibt sich

$$Py = Pu + Pv = u = P_U y \qquad \forall y \in Y \,.$$

⌐

Die Proposition (4.3) läßt sich folgendermaßen interpretieren: Für Vektoren $u \in U$ ist $x := Su$ derjenige Vektor in X, dessen T-Bild gerade u ist, und für ein beliebiges $y \in Y$ ist $x := Sy$ derjenige Vektor in X, dessen T-Bild am nächsten bei y liegt;

4.1 Geometrische Betrachtungen

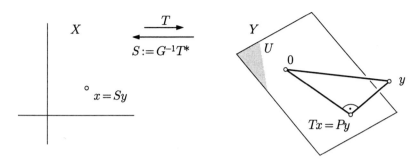

Bild 4.3

siehe dazu Bild 4.3. Damit haben wir eine einfache geometrische Beschreibung der Abbildung $S: Y \to X$ erhalten.

Nun kommt der nächste Schritt: Mit Hilfe von G^{-1} definieren wir die Vektoren

$$\tilde{a}_j := G^{-1} a_j \in X \qquad (1 \leq j \leq r)$$

und nennen $\tilde{a}_{\bullet} := (\tilde{a}_1, \ldots, \tilde{a}_r)$ das zu $a_{\bullet}$ duale Frame. Ist $a_{\bullet}$ straff, so stimmen die $\tilde{a}_j$ bis auf einen Faktor $\frac{1}{A}$ mit den a_j überein. Der folgende Satz faßt zusammen, was es über die Beziehung zwischen $a_{\bullet}$ und $\tilde{a}_{\bullet}$ zu sagen gibt.

(4.4) *Es sei $a_{\bullet}$ ein Frame mit Frame-Konstanten $B \geq A > 0$ und $\tilde{a}_{\bullet}$ das zugehörige duale Frame. Dann trifft folgendes zu:*

(a) $$x = \sum_{j=1}^{r} \langle x, a_j \rangle \tilde{a}_j \qquad \forall x \in X ;$$

in Worten: Die beiden Frames $a_{\bullet}$ und $\tilde{a}_{\bullet}$ ermöglichen zusammen eine Resolution der Identität von X.

(b) *Für beliebiges $y = (y_1, \ldots y_r) \in Y$ ist Sy gegeben durch $Sy = \sum_{j=1}^{r} y_j \tilde{a}_j$.*

(c) *Die Kollektion $\tilde{a}_{\bullet}$ ist ein Frame mit Frame-Konstanten $\frac{1}{A} \geq \frac{1}{B} > 0$.*

(d) *Das zu $\tilde{a}_{\bullet}$ duale Frame ist $a_{\bullet}$; insbesondere gilt auch*

$$x = \sum_{j=1}^{r} \langle x, \tilde{a}_j \rangle a_j \qquad \forall x \in X .$$

⌐ (a) Mit (4) erhält man ohne weiteres

$$x = G^{-1}(Gx) = G^{-1}\Big(\sum_{j} \langle x, a_j \rangle a_j \Big) = \sum_{j} \langle x, a_j \rangle \tilde{a}_j .$$

(b) Mit (3) ergibt sich

$$Sy = G^{-1}T^*\left(\sum_j y_j e_j\right) = G^{-1}\left(\sum_j y_j a_j\right) = \sum_j y_j \tilde{a}_j \,.$$

(c) Es bezeichne $\tilde{T}$ den zu der Kollektion $\tilde{a}.$ gehörigen Frame-Operator. Mit G ist auch G^{-1} selbstadjungiert, folglich gilt

$$(\tilde{T}x)_j = \langle x, \tilde{a}_j\rangle = \langle x, G^{-1}a_j\rangle = \langle G^{-1}x, a_j\rangle = \left(T(G^{-1}x)\right)_j$$

für alle x und alle j. Dies beweist

$$\tilde{T} = TG^{-1}, \tag{10}$$

und mit (6) ergibt sich

$$\|\tilde{T}x\|^2 = \|T(G^{-1}x)\|^2 = \langle G(G^{-1}x), G^{-1}x\rangle = \langle x, G^{-1}x\rangle\,.$$

Mit Hilfe der orthonormierten Basis $(\bar{e}_1, \ldots, \bar{e}_n)$ von X, die G und G^{-1} diagonalisiert, erhalten wir nunmehr die Abschätzungen

$$\|\tilde{T}x\|^2 = \langle x, G^{-1}x\rangle = \sum_{i=1}^n \frac{1}{\lambda_i}|x_i|^2 \begin{cases} \geq \frac{1}{B}\|x\|^2 \\ \leq \frac{1}{A}\|x\|^2 \end{cases}.$$

(d) Der zu $\tilde{a}.$ gehörige Gram-Operator $\tilde{G}$ berechnet sich mit (10) wie folgt:

$$\tilde{G} := \tilde{T}^*\tilde{T} = G^{-1}T^*TG^{-1} = G^{-1}\,.$$

Hiernach gilt $\tilde{\tilde{a}}_j := \tilde{G}^{-1}\tilde{a}_j = G\tilde{a}_j = a_j$ für alle j, was zu beweisen war. $\quad\lrcorner$

Ist $r > n := \dim(X)$, so sind die $\tilde{a}_j$ linear abhängig, und es gibt unendlich viele Darstellungen eines gegebenen Vektors $x \in X$ als Linearkombination der $\tilde{a}_j$. Die Darstellung (4.4)(a) ist folgendermaßen ausgezeichnet:

(4.5) *Es seien $a.$ und $\tilde{a}.$ duale Frames, und es sei $x = \sum_{j=1}^r \xi_j \tilde{a}_j$ eine beliebige Darstellung des Vektors $x \in X$ als Linearkombination der $\tilde{a}_j$. Dann ist*

$$\sum_{j=1}^r |\xi_j|^2 \geq \sum_{j=1}^r |\langle x, a_j\rangle|^2,$$

und zwar gilt das Gleichheitszeichen nur, wenn $\xi_j = \langle x, a_j\rangle$ für $1 \leq j \leq r$.

$\ulcorner\quad$ Betrachte den Punkt $(\xi_1, \ldots \xi_r) =: y \in Y$. Nach **(4.4)**(b) ist $x = Sy$, und mit **(4.3)** ergibt sich $Tx = TSy = P_U y$. Hieraus folgt sofort

$$\|Tx\|^2 = \|P_U y\|^2 \leq \|y\|^2,$$

und zwar kann das Gleichheitszeichen nur gelten, wenn $y = P_U y = Tx$ ist. Werden die angeführten Sachverhalte in Koordinaten ausgedrückt, so resultieren gerade die Behauptungen des Satzes. ⌐

Man kann es so sehen: Die „natürliche" Darstellung **(4.4)**(a) benötigt am wenigsten „Koeffizientenenergie".

4.2 Der allgemeine Frame-Begriff

Nach den vorangegangenen Betrachtungen sind wir bereit für die folgenden allgemeinen Dispositionen:

X ist ein komplexer Hilbertraum, dessen Vektoren wir mit f, h und ähnlichen Buchstaben bezeichnen. Man sollte sich X unendlichdimensional vorstellen.

M ist eine „abstrakte" Menge von Punkten m. Auf M ist ein Maß μ definiert, das jeder meßbaren Teilmenge $E \subset M$ einen „Inhalt" $\mu(E) \in [0, \infty]$ zuweist. Die meßbaren Teilmengen bilden eine sogenannte σ-Algebra $\mathcal{F}$, und es ist dafür gesorgt, daß jede „vernünftige" Teilmenge von M zu $\mathcal{F}$ gehört. Nach allgemeinen Prinzipien läßt sich dann auf M Integralrechnung betreiben, und es hat einen Sinn, zum Beispiel von dem Hilbertraum $Y := L^2(M, \mu)$ zu sprechen. Das Paar (M, μ) ist die Abstraktion des Paars $(\{1, 2, \ldots, r\}, \#)$, das im vorangehenden Abschnitt eine prominente Rolle gespielt hat.

Weiter ist eine Familie $h_\bullet := (h_m \mid m \in M)$ von Vektoren $h_m \in X$ gegeben; Indexmenge ist also der Maßraum M. Die h_m stellen (wie die a_j des vorangehenden Abschnitts) eine Art Meßsonden dar, mit denen nun die Vektoren $f \in X$ möglichst umfassend ausgeforscht werden sollen. In Abschnitt 1.5 haben wir von „Abfragemustern" gesprochen.

Für ein gegebenes $f \in X$ werden nämlich die sämtlichen Skalarprodukte

$$Tf(m) := \langle f, h_m \rangle \qquad (m \in M)$$

gebildet. Auf diese Weise erhält man einen Datensatz $(Tf(m) \mid m \in M)$ bzw. eine Funktion $Tf \colon M \to \mathbb{C}$. Das auf M eingerichtete Integral setzt uns nun instand, die Ergiebigkeit der vorgenommenen Messungen zu quantifizieren: Ein natürliches Maß für die über f erhaltene Information ist das L^2-Integral

$$\int_M |Tf(m)|^2 \, d\mu(m) \qquad (\leq \infty) \, . \tag{1}$$

Damit kommen wir zu der folgenden Definition: Die Familie $h_\bullet$ ist ein *Frame*, wenn folgende Bedingungen erfüllt sind:

- Die Funktion Tf ist μ-messbar für alle $f \in X$, so daß das Integral (1) überhaupt Sinn macht.
- Es gibt Konstanten $B \geq A > 0$ mit

$$A\|f\|^2 \underset{(a)}{\leq} \|Tf\|^2 \underset{(b)}{\leq} B\|f\|^2 \quad \forall f \in X \ .$$

Hier garantiert (b), daß der *Frame-Operator*

$$T: \quad X \to \mathbb{C}^M \ , \quad f \mapsto Tf$$

ein beschränkter Operator von X nach $Y := L^2(M,\mu)$ ist. Die (heiklere) Ungleichung (a) stellt sicher, daß T injektiv ist, so daß bei dem ganzen Prozeß keine Information verlorengeht.

Wenn wir gerade dabei sind, erklären wir noch den verwandten Begriff der Riesz-Basis, der im Zusammenhang mit der diskreten Wavelet-Transformation ebenfalls eine Rolle spielen wird. Hier ist M von vorneherein abzählbar, und μ ist das Zählmaß $\#$ auf M. Eine Familie $h. = \bigl(h_m \,|\, m \in M\bigr)$ von Vektoren $h_m \in X$ ist eine *Riesz-Basis* von X, wenn folgende Bedingungen erfüllt sind:

- $\overline{\mathrm{span}(h.)} = X$.
- Es gibt Konstanten $B \geq A > 0$ mit

$$A \sum_m |\xi_m|^2 \underset{(c)}{\leq} \left|\sum_m \xi_m h_m\right|^2 \leq B \sum_m |\xi_m|^2 \quad \forall \xi. \in l^2(M) \ . \tag{2}$$

Anders ausgedrückt: Die Abbildung

$$K: \quad l^2(M) \to X \ , \quad \xi. \mapsto \sum_m \xi_m h_m$$

ist ein beschränkter Operator mit beschränktem Inversen $K^{-1}: X \to l^2(M)$.

Die Relation zwischen den beiden Begriffen Frame und Riesz-Basis ist nicht offensichtlich, da in den Definitionen von ganz verschiedenen Dingen die Rede ist. Wir beweisen darum:

(4.6) *Eine Riesz-Basis $h.$ mit Konstanten $B \geq A > 0$ ist automatisch ein Frame mit A und B als Frame-Konstanten.*

$\ulcorner$ Es bezeichne $\bigl(e_m \,|\, m \in M\bigr)$ die kanonische orthonormierte Basis von $l^2(M)$. Dann ist $Ke_m = h_m$ und folglich

$$Tx := \sum_m \langle x, h_m \rangle e_m = \sum_m \langle x, Ke_m \rangle e_m = \sum_m \langle K^*x, e_m \rangle e_m = K^*x$$

4.2 Der allgemeine Frame-Begriff

für alle $x \in X$. Nach allgemeinen Prinzipien der Funktionalanalysis folgen aus (2) die analogen Ungleichungen für $K^* = T$; somit gilt dann auch

$$A \|f\|^2 \leq \|Tf\|^2 \leq B \|f\|^2 \,.$$

Die folgende pauschale Formulierung dürfte der Wahrheit nahekommen: Eine Riesz-Basis ist ein Frame, dessen Vektoren (auch im Limes) linear unabhängig sind. Die Ungleichung (c) in (2) garantiert nämlich, daß eine nichttriviale Linearkombination $\sum_m \xi_m h_m$ nicht den Nullvektor darstellen kann.

Im endlichdimensionalen Fall ließen sich G^{-1} und das zu $a.$ duale Frame $\tilde{a}.$ durch Inversion einer Matrix bestimmen. In der jetzigen Situation ist ein Operator

$$G: X \to X \,, \qquad \dim(X) = \infty \,,$$

zu invertieren. Dies läßt sich mit Hilfe eines Iterationsverfahrens bewerkstelligen, das umso besser konvergiert, je näher der Quotient $\frac{B}{A}$ bei 1 liegt. Wir beweisen darüber:

(4.7) *Es sei $h.$ ein Frame mit Frame-Konstanten $B \geq A > 0$. Wird für beliebiges $y \in X$ die Iteration*

$$x_0 := 0 \,, \qquad x_{n+1} := x_n + \frac{2}{A+B}(y - Gx_n) \quad (n \geq 0)$$

angesetzt, so gilt $\lim_{n \to \infty} x_n = G^{-1} y$.

In der numerischen Praxis (gemeint ist: bei der konkreten Berechnung der Frame-Vektoren $\tilde{a}_j := G^{-1} a_j$) wird man das Verfahren abbrechen, sobald die Inkremente $\frac{2}{A+B}(y - Gx_n)$ vernachlässigbar klein geworden sind.

⌐ Mit

$$R := 1_X - \frac{2}{A+B} G$$

läßt sich die Iterationsvorschrift in der Form

$$x_{n+1} := \frac{2}{A+B} y + R x_n$$

schreiben. Nun ist G ein positiv definiter selbstadjungierter Operator, und nach Voraussetzung über T gilt $A\, 1_X \leq G \leq B\, 1_X$. Hieraus folgt

$$\left\| G - \frac{A+B}{2} 1_X \right\| \leq \frac{B-A}{2} \,;$$

somit ist

$$\|R\| = \left\| \frac{2}{A+B} G - 1_X \right\| \leq \frac{B-A}{B+A} = \frac{B/A - 1}{B/A + 1} < 1 \,.$$

Nach dem Kontraktionsprinzip bzw. dem allgemeinen Fixpunktsatz existiert daher der $\lim_{n\to\infty} x_n =: x \in X$, und es gilt

$$x = x + \frac{2}{A+B}(y - Gx).$$

Dies impliziert $y - Gx = 0$ und damit $x = G^{-1}y$, wie behauptet. ⌟

Von den hier entwickelten Ideen kennen wir im Augenblick zwei Anwendungsfälle: Erstens natürlich das in Abschnitt 4.1 dargestellte endlichdimensionale Modell und zweitens die kontinuierliche Wavelet-Transformation. Letztere soll jetzt in dem neugeschaffenen Rahmen (*framework!*) nocheinmal interpretiert werden.

X ist der Raum $L^2(\mathbb{R})$ der Zeitsignale f, und M ist die Menge

$$\mathbb{R}^2_- := \{(a,b) \mid a \in \mathbb{R}^*, \ b \in \mathbb{R}\},$$

versehen mit dem Maß $d\mu := dadb/|a|^2$. Der Raum $Y := L^2(M)$ ist der in Kapitel 3 mit H bezeichnete Raum $L^2(\mathbb{R}^2_-, d\mu)$.

Nachdem ein Mutter-Wavelet ψ gewählt ist, bildet man vermöge

$$\psi_{a,b}(t) := \frac{1}{|a|^{1/2}} \psi\left(\frac{t-b}{a}\right)$$

die Familie

$$\psi_{\cdot} := \left(\psi_{a,b} \mid (a,b) \in \mathbb{R}^2_-\right)$$

von Vektoren $\psi_{a,b} \in L^2$. Der zugehörige Frame-Operator T verwandelt jede Funktion $f \in L^2$ in eine Funktion $Tf \colon \mathbb{R}^2_- \to \mathbb{C}$ nach der Vorschrift

$$Tf(a,b) := \langle f, \psi_{a,b} \rangle = \mathcal{W}f(a,b) \qquad \left((a,b) \in \mathbb{R}^2_-\right).$$

Wir sehen: Die Wavelet-Transformation ist nichts anderes als der Frame-Operator T zu der Familie $\psi_{\cdot}$. Nach Satz **(3.3)** gilt

$$\|\mathcal{W}f\|^2 = C_\psi \|f\|^2 \qquad \forall f \in L^2$$

mit $C_\psi := 2\pi \int_{\mathbb{R}^*} \frac{|\widehat{\psi}(a)|^2}{|a|} da$. Damit ist folgendes erwiesen:

(4.8) *Für jedes beliebige Wavelet ψ ist die Familie $\psi_{\cdot}$ ein straffes Frame mit Frame-Konstanten C_ψ.*

Unter diesen Umständen ist $G^{-1} = \dfrac{1}{C_\psi} \mathbf{1}_X$, und die Formeln

$$\tilde{\psi}_{a,b} = \frac{1}{C_\psi} \psi_{a,b} \qquad ((a,b) \in \mathbb{R}^2_-)$$

liefern das duale Frame $\tilde{\psi}$.. Die Formel (**4.4**)(a), die einen gegebenen Vektor $x \in X$ aus den Werten $(Tx)_j := \langle x, a_j \rangle$ wiederherstellt, verwandelt sich sinngemäß in

$$f = \int_{\mathbb{R}^2_-} \frac{dadb}{|a|^2} \, \mathcal{W}f(a,b) \, \frac{1}{C_\psi} \psi_{a,b} \quad \forall f \in L^2 , \tag{3}$$

in Übereinstimmung mit (**3.7**) bzw. 3.3.(4). Nun bezog sich natürlich (**4.4**)(a) auf eine endlichdimensionale Situation, und die Valabilität von (3) ist damit nicht gesichert. In der Tat gilt (3) nur „schwach" oder dann unter weitergehenden Voraussetzungen über f und ψ, siehe dazu die Ausführungen in Abschnitt 3.3.

4.3 Diskrete Wavelet-Transformation

Das Shannon-Theorem (Abschnitt 2.3) leistet die vollständige Wiederherstellung eines bandbegrenzten Zeitsignals f aus einem diskreten Satz $\bigl(f(kT) \mid k \in \mathbb{Z} \bigr)$ von Meßdaten. In diesem Abschnitt geht es nun darum, etwas Ähnliches für die Wavelet-Transformation zu erreichen. Die Meßdaten sind jetzt nicht f-Werte in Gitterpunkten kT, sondern eben Resultate von „Waveletmessungen", also geeignet ausgewählte Werte der Wavelet-Transformierten $\mathcal{W}f \colon \mathbb{R}^2 \to \mathbb{C}$. Man darf nicht vergessen, daß ein Signal f in seiner Wavelet-Transformierten $\mathcal{W}f$ mit unerhörter Redundanz abgelegt ist. Unter diesen Umständen kommt es nicht ganz überraschend, wenn schon ein diskreter Satz von $\mathcal{W}f$-Werten genügt, um f als L^2-Objekt unzweideutig festzulegen, gegebenenfalls auch punktweise zu reproduzieren, und dies ohne die Voraussetzung, daß f bandbegrenzt ist.

Wir beschränken uns auf eine abzählbare Teilmenge

$$M := \bigl\{ (a_m, b_{m,n}) \mid m, n \in \mathbb{Z} \bigr\} \subset \mathbb{R}^2_>$$

gemäß folgender Vereinbarung: Es wird ein *Zoomschritt* $\sigma > 1$ gewählt (am verbreitetsten ist $\sigma := 2$) sowie ein *Grundschritt* $\beta > 0$. Diese beiden Parameter werden im weiteren festgehalten. Hierauf setzt man

$$a_m := \sigma^m , \quad b_{m,n} := n\sigma^m \beta \quad (m, n \in \mathbb{Z}) ;$$

negative a-Werte werden nicht mehr in Betracht gezogen. Die resultierende Menge M ist in Bild 4.4 dargestellt.

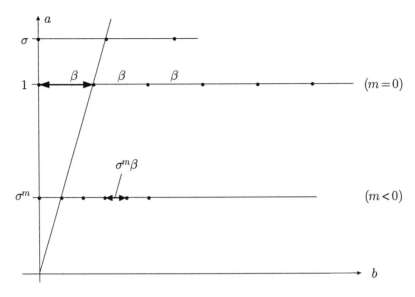

Bild 4.4

Strukturell, das heißt: für die Zwecke der Adreßverwaltung, ist $M \sim \mathbb{Z} \times \mathbb{Z}$. Welches ist nun das richtige Maß auf diesem M? Jeder Punkt $(a_m, b_{m,n}) \in M$ vertritt ein Rechteck $R_{m,n}$ der Breite $\sigma^m \beta$ und der Höhe $\sigma^m \sqrt{\sigma} - \sigma^m/\sqrt{\sigma}$ in der (a,b)-Ebene (Bild 4.5), und die $R_{m,n}$ bilden eine disjunkte Zerlegung der oberen Halbebene $\mathbb{R}^2_>$. Der μ-Inhalt von $R_{m,n}$ berechnet sich zu

$$\mu(R_{m,n}) = \sigma^m \beta \int_{\sigma^m/\sqrt{\sigma}}^{\sigma^m \sqrt{\sigma}} \frac{da}{a^2} = \frac{\beta}{\sqrt{\sigma}} (\sigma - 1),$$

unabhängig von m und n. Dieser Sachverhalt bringt uns dazu, auf der Menge $M \sim \mathbb{Z}^2$ das Zählmaß $\#$ zugrundezulegen. Der Raum Y des vorangehenden Abschnitts wird damit zu $Y := l^2(\mathbb{Z}^2)$.

Es sei nun ψ ein fest gewähltes Mutter-Wavelet. Von den Waveletfunktionen $\psi_{a,b}$, $(a,b) \in \mathbb{R}^2_-$, werden nur die zu den Punkten $(a_m, b_{m,n}) \in M$ gehörenden zurückbehalten und natürlich umadressiert: $\psi_{\sigma^m, n\sigma^m \beta} =: \psi_{m,n}$. Damit besteht nun die Familie

$$\psi_\bullet := \bigl(\psi_{m,n} \mid (m,n) \in \mathbb{Z}^2\bigr)$$

aus den folgenden Waveletfunktionen:

$$\psi_{m,n}(t) := \sigma^{-m/2} \psi\Bigl(\frac{t - n\sigma^m \beta}{\sigma^m}\Bigr) = \sigma^{-m/2} \psi(\sigma^{-m} t - n\beta).$$

4.3 Diskrete Wavelet-Transformation

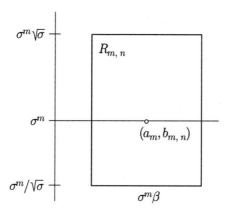

Bild 4.5

Der dazugehörige Frame-Operator $T: f \mapsto Tf$ ist über die Formel

$$Tf(m,n) := \langle f, \psi_{m,n} \rangle = \mathcal{W}f(a_m, b_{m,n}) \qquad ((m,n) \in \mathbb{Z}^2) \qquad (1)$$

an die Wavelet-Transformation $\mathcal{W}: f \mapsto \mathcal{W}f$ angeschlossen.

Damit kommen wir zu der entscheidenden Frage: Unter welchen Voraussetzungen über ψ, σ und β ist die Kollektion $\psi_\cdot$ überhaupt ein Frame, und welches sind die resultierenden Frame-Konstanten?

In [D], Th. 3.3.1, wird folgende notwendige Bedingung bewiesen:

(4.9) *Es sei ψ ein Wavelet mit*

$$C_- := 2\pi \int_{<0} \frac{|\widehat{\psi}(\xi)|^2}{|\xi|} d\xi, \qquad C_+ := 2\pi \int_{>0} \frac{|\widehat{\psi}(\xi)|^2}{|\xi|} d\xi.$$

Dann bestehen folgende Beziehungen zwischen σ, β und den erzielbaren Frame-Konstanten A und B:

$$A \leq \frac{\min\{C_-, C_+\}}{\beta \log \sigma}, \qquad B \geq \frac{\max\{C_-, C_+\}}{\beta \log \sigma}.$$

Insbesondere ist $A = B$ nur möglich, falls $C_- = C_+$. Dies hat damit zu tun, daß wir negative a-Werte verworfen haben; vergleiche dazu die analoge Bedingung in Satz (3.4). Für den Beweis von (4.9) verweisen wir auf [D].

Interessanter ist natürlich ein Satz in der anderen Richtung: Unter genau bezeichneten Umständen wird garantiert, daß $\psi_\cdot$ ein Frame ist mit Frame-Konstanten $B \geq A > 0$ innerhalb vorgegebener Toleranzen.

Der Zoomschritt $\sigma > 1$ sei gegeben. Ein Wavelet ψ heißt für die Zwecke der folgenden Betrachtungen *zulässig*, wenn die Fourier-Transformierte $\widehat{\psi}$ die nachstehenden Bedingungen (a) und (b) erfüllt.

(a) Es gibt Konstanten $\alpha > 0$, $\rho > 0$ und C mit

$$|\widehat{\psi}(\xi)| \leq \begin{cases} C|\xi|^\alpha & (|\xi| \leq 1) \\ \dfrac{C}{|\xi|^{1+2\rho}} & (|\xi| \geq 1) \end{cases}. \qquad (2)$$

Diese Bedingung ist an sich harmlos und dient in erster Linie zur Einführung der Konstanten α, ρ und C. Ist zum Beispiel $t\psi \in L^1$ und ψ' von beschränkter Variation, so gelten Abschätzungen der Form (2) mit $\alpha = 1$ und $\rho = \frac{1}{2}$.

(b) Es gibt eine Konstante $A' > 0$ mit

$$\sum_{m=-\infty}^{\infty} |\widehat{\psi}(\sigma^m \xi)|^2 \geq A' \qquad (1 \leq |\xi| \leq \sigma). \qquad (3)$$

Weil die linke Seite von (3) gegenüber der Streckung $\xi \mapsto \sigma\xi$ invariant ist, kann man sich auf den Prüfbereich $1 \leq |\xi| \leq \sigma$ beschränken. Die Bedingung drückt aus, daß die Nullstellen von $\widehat{\psi}$ nicht „logarithmisch konspirieren" dürfen. Insbesondere darf der Träger von $\widehat{\psi}$ nicht in einem einzigen Intervall $]b, \sigma b[$ Platz haben. Wenn ψ zum Beispiel endliche Ordnung N aufweist, so gibt es wegen wegen 3.5.(3) ein $h > 0$ mit

$$\widehat{\psi}(\xi) \neq 0 \qquad (0 < |\xi| < h),$$

und (3) ist gesichert.

Die Konstanten α, ρ, C und A' heißen im folgenden *Parameter* von ψ. — Wir können nun den zentralen Satz dieses Kapitels formulieren:

(4.10) *Der Zoomschritt $\sigma > 1$ sei vorgegeben. Es sei ψ ein zuläßiges Wavelet mit Parametern α, ρ, C und A'. Dann gibt es Konstanten β_0, B' und C', so daß folgendes zutrifft: Ist der Grundschritt $\beta < \beta_0$, so ist die Familie $\psi_{\bullet} = (\psi_{m,n} \mid (m,n) \in \mathbb{Z}^2)$ ein Frame mit Frame-Konstanten*

$$A = \frac{2\pi}{\beta}(A' - C'\beta^{1+\rho}), \qquad B = \frac{2\pi}{\beta}(B' + C'\beta^{1+\rho}).$$

Den Beweis dieses Satzes erbringen wir im nächsten Abschnitt. An dieser Stelle begnügen wir uns mit der folgenden heuristischen Betrachtung: Wir müssen zeigen, daß der Operator T die Frame-Bedingung

$$A\|f\|^2 \leq \|Tf\|^2 \leq B\|f\|^2 \qquad \forall f \in L^2 \qquad (4)$$

erfüllt. Nach (1) ist

$$\|Tf\|^2 = \sum_{m,n} |Tf(m,n)|^2 = \sum_{m,n} |\mathcal{W}f(\sigma^m, n\sigma^m\beta)|^2. \qquad (5)$$

4.3 Diskrete Wavelet-Transformation

Unsere Überlegung mit den Rechtecken $R_{m,n}$ zeigt, daß wir hier die Summe rechter Hand im wesentlichen als eine Riemannsche Summe für das Integral

$$\int_{\mathbb{R}^2_>} \frac{dadb}{a^2} \, |\mathcal{W}f(a,b)|^2$$

auffassen können, und dieses Integral hat nach Satz **(3.4)** den Wert $C'_\psi \|f\|^2$. Es ist daher plausibel, daß $\|Tf\|^2$ für hinreichend kleine $\sigma > 1$ und $\beta > 0$ die Größenordnung von $\|f\|^2$ hat, wie in (4) verlangt. Der Satz **(4.10)** zeigt, daß in Wahrheit unter sehr bescheidenen Annahmen über ψ der Datensatz

$$\bigl(Tf(m,n) \,|\, (m,n) \in \mathbb{Z}^2\bigr) \tag{6}$$

alle *features* der gerade analysierten Funktion f beinhaltet, wenn nur β klein genug gewählt wird; man dürfte also ruhig $\sigma := 2$ nehmen.

Für die Rekonstruktion von f aus den abgespeicherten Daten (6) benötigt man das zu ψ. duale Frame $\tilde{\psi}$.. Ist ψ. nicht straff, so sind die $\tilde{\psi}_{m,n}$ mit Hilfe von

$$\tilde{\psi}_{m,n} := G^{-1}(\psi_{m,n})$$

zu berechnen. Leider gehen die $\tilde{\psi}_{m,n}$ nicht durch Dilatation und Translation aus einem einzigen $\tilde{\psi}$ hervor; es sei denn, ψ werde sehr speziell gewählt. Wir überlegen hierzu folgendermaßen:

Die beiden Operatoren

$$D: \quad L^2 \to L^2, \qquad Df(t) := \frac{1}{\sqrt{\sigma}} f\!\left(\frac{t}{\sigma}\right)$$

und

$$S: \quad L^2 \to L^2, \qquad Sf(t) := f(t - \beta)$$

sind unitär; somit ist $D^* = D^{-1}$ und $S^* = S^{-1}$. Betrachte nun den Gram-Operator G, gegeben durch

$$Gf := \sum_{m,n} \langle f, \psi_{m,n}\rangle \, \psi_{m,n} \ .$$

Bezüglich D gilt

$$D\psi_{m,n}(t) = \frac{1}{\sqrt{\sigma}} \psi_{m,n}\!\left(\frac{t}{\sigma}\right) = \frac{1}{\sigma^{(m+1)/2}} \, \psi\!\left(\frac{t/\sigma}{\sigma^m} - n\beta\right) = \psi_{m+1,n}(t)$$

und folglich

$$D(Gf) = \sum_{m,n} \langle f, \psi_{m,n}\rangle D\psi_{m,n} = \sum_{m,n} \langle f, \psi_{m,n}\rangle \psi_{m+1,n} = \sum_{m,n} \langle f, \psi_{m-1,n}\rangle \psi_{m,n}$$

$$= \sum_{m,n} \langle f, D^{-1}\psi_{m,n}\rangle \psi_{m,n} = \sum_{m,n} \langle Df, \psi_{m,n}\rangle \psi_{m,n} = G(Df) \ .$$

Dann kommutiert natürlich auch G^{-1} mit D, und wir erhalten

$$\tilde{\psi}_{m,n} = G^{-1}(\psi_{m,n}) = G^{-1}D^m(\psi_{0,n}) = D^m G^{-1}(\psi_{0,n}),\qquad(7)$$

das heißt:

$$\tilde{\psi}_{m,n}(t) = \frac{1}{\sigma^{m/2}}\,\tilde{\psi}_{0,n}\!\left(\frac{t}{\sigma^m}\right).$$

Leider ist G nicht mit S vertauschbar; die eben durchgeführte Rechnung (7) läßt sich also nicht mutatis mutandis wiederholen: In der Formel

$$S(Gf) = \sum_{m,n}\langle f,\psi_{m,n}\rangle\,S\psi_{m,n}$$

sind die $S\psi_{m,n}$ nicht irgendwelche anderen $\psi_{m',n'}$ wie die $D\psi_{m,n}$, sondern sehen folgendermaßen aus:

$$S\psi_{m,n}(t) = \psi_{m,n}(t-\beta) = \frac{1}{\sigma^{m/2}}\,\psi\!\left(\frac{t}{\sigma^m} - (n+\sigma^{-m})\beta\right),$$

und hier ist $n+\sigma^{-m}$ im allgemeinen keine ganze Zahl. — Hieraus zieht man den Schluß, daß die $\tilde{\psi}_{0,n}$ einzeln bestimmt werden müssen und nicht miteinander verwandt sind.

Man wird also unter allen Umständen darnach trachten, von vorneherein ein straffes Frame $\psi_{\bullet}$ zu wählen. Daß das möglich ist, zeigt der folgende Satz:

(4.11) *Die Fourier-Transformierte $\hat{\psi}$ des Wavelets ψ besitze kompakten Träger im Intervall $I := [\omega,\omega']$, $\omega' > \omega > 0$, und es gelte*

$$\sum_{m=-\infty}^{\infty} |\hat{\psi}(\sigma^m\xi)|^2 \equiv A' > 0 \qquad (1\leq \xi \leq \sigma)\,.$$

Dann ist $\psi_{\bullet} = \bigl(\psi_{m,n}\,|\,(m,n)\in\mathbb{Z}^2\bigr)$ mit Zoomschritt σ und Grundschritt

$$\beta \leq \frac{2\pi}{\omega-\omega'}$$

ein straffes Frame für reellwertige Zeitsignale $f \in L^2$.

⌐ Wir dürfen ohne Einschränkung der Allgemeinheit

$$\beta := \frac{2\pi}{\omega'-\omega} \qquad(8)$$

annehmen. Aufgrund der Parsevalschen Formel **(2.11)** und Regel 3.1.(8) ist

$$\|Tf\|^2 = \sum_{m,n}|\langle \hat{f},\hat{\psi}_{m,n}\rangle|^2 = \sum_{m,n}\sigma^m\left|\int \hat{f}(\xi)\,\overline{\hat{\psi}(\sigma^m\xi)}\,e^{in\sigma^m\beta\xi}\,d\xi\right|^2.$$

4.3 Diskrete Wavelet-Transformation

Setzen wir für den Moment

$$g(\xi) := \widehat{f}(\xi)\,\overline{\widehat{\psi}(\sigma^m \xi)}\,,$$

so können wir $\|Tf\|^2$ in der Form

$$\|Tf\|^2 = \sum_{m,n} \sigma^m \left| \int g(\xi) e^{in\sigma^m \beta \xi}\, d\xi \right|^2 = \sum_{m,n} \sigma^m |Q_{mn}|^2$$

schreiben; dabei ist

$$Q_{mn} := \int_{\sigma^{-m} I} g(\xi)\, e^{in\sigma^m \beta \xi}\, d\xi$$

(die Funktion g ist außerhalb $\sigma^{-m} I$ identisch 0). Die Funktionen

$$\xi \mapsto e^{in\sigma^m \beta \xi} \qquad (n \in \mathbb{Z})$$

sind die periodischen Grundfunktionen für ein Intervall der Länge

$$\sigma^{-m} \frac{2\pi}{\beta} = \sigma^{-m}(\omega' - \omega)\,,$$

also für $\sigma^{-m} I$. Nach den Formeln (2.8) ist daher

$$Q_{mn} = \sigma^{-m}\, \frac{2\pi}{\beta}\, \widehat{g}(-n)\,,$$

und durch Summation über n ergibt sich (m ist fest):

$$\sum_n |Q_{mn}|^2 = \sigma^{-2m} \left(\frac{2\pi}{\beta}\right)^2 \sum_n |\widehat{g}(n)|^2 \underset{\uparrow}{=} \sigma^{-m} \frac{2\pi}{\beta} \int_{\sigma^{-m} I} |g(\xi)|^2\, d\xi$$

$$= \sigma^{-m} \frac{2\pi}{\beta} \int_{>0} |\widehat{f}(\xi)|^2\, |\widehat{\psi}(\sigma^m \xi)|^2\, d\xi\,;$$

dabei haben wir an der Stelle $\uparrow$ die in (2.8) angegebene Parsevalsche Formel für Periodenlänge $\sigma^{-m} \cdot 2\pi/\beta$ angewandt. Damit erhalten wir

$$\|Tf\|^2 = \sum_{m,n} \sigma^m |Q_{mn}|^2 = \frac{2\pi}{\beta} \int_{>0} |\widehat{f}(\xi)|^2 \left(\sum_m |\widehat{\psi}(\sigma^m \xi)|^2 \right) d\xi$$

$$= \frac{2\pi}{\beta} A' \int_{>0} |\widehat{f}(\xi)|^2\, d\xi = \frac{\pi A'}{\beta} \|f\|^2\,.$$

Erst ganz am Schluß haben wir benutzt, f reellwertig ist. Dann gilt nämlich die Identität $\widehat{f}(-\xi) \equiv \overline{\widehat{f}(\xi)}$.

Damit stehen wir vor der Aufgabe, ein Wavelet ψ zu produzieren, das den Voraussetzungen von Satz (**4.11**) genügt. Da diese Voraussetzungen die Fourier-Transformierte $\widehat{\psi}$ betreffen, liegt es nahe, mit $\widehat{\psi}$ zu beginnen. In dem folgenden Beispiel von Daubechies-Grossmann-Meyer wird ein passendes $\widehat{\psi}$ mit einfachen Formeln beschrieben; das Wavelet ψ selber muß dann (numerisch) errechnet werden. Diese Rücktransformation betrifft aber nur eine einzige Funktion und kann ein für allemal durchgeführt werden, bevor man mit der Analyse von irgendwelchen Signalen f beginnt.

① Wir benötigen die Hilfsfunktion

$$\nu(x) := \begin{cases} 0 & (x \leq 0) \\ 10x^3 - 15x^4 + 6x^5 & (0 \leq x \leq 1) \\ 1 & (x \geq 1) \end{cases} \qquad (9)$$

(oder eine andere Funktion mit ähnlichen Eigenschaften). Im Intervall $0 \leq x \leq 1$ ist

$$\nu(x) := 30 \int_0^x t^2(1-t)^2 \, dt \, .$$

Da hier der Integrand an den Stellen 0 und 1 eine zweifache Nullstelle hat, im übrigen positiv und bezüglich $t = \frac{1}{2}$ symmetrisch ist (siehe Bild 4.6), ergibt sich, daß $\nu(x)$ im Intervall $0 \leq x \leq 1$ monoton von 0 bis 1 wächst mit C^2-Anschlüssen an den Stellen 0 und 1. Ferner gilt

$$\nu(1-x) \equiv 1 - \nu(x) \qquad \forall x \in \mathbb{R}, \qquad (10)$$

was später noch eine Rolle spielen wird.

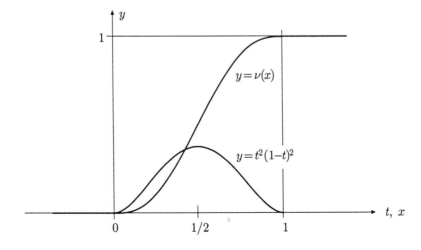

Bild 4.6

4.3 Diskrete Wavelet-Transformation

Es seien $\sigma > 1$ und $\beta > 0$ gegeben. Mit

$$\omega := \frac{2\pi}{(\sigma^2 - 1)\beta}, \qquad \omega' := \sigma^2 \omega$$

ist (8) erfüllt. Wir definieren nun $\widehat{\psi}$ mit Träger $I := [\omega, \omega']$ durch

$$\widehat{\psi}(\xi) := \sqrt{A'} \cdot \begin{cases} \sin\left(\frac{\pi}{2}\nu\left(\frac{\xi - \omega}{\sigma\omega - \omega}\right)\right) & (\omega \leq \xi \leq \sigma\omega) \\ \cos\left(\frac{\pi}{2}\nu\left(\frac{\xi - \sigma\omega}{\sigma^2\omega - \sigma\omega}\right)\right) & (\sigma\omega \leq \xi \leq \sigma^2\omega) \\ 0 & \text{(sonst)} \end{cases} \qquad (11)$$

(siehe Bild 4.7), wobei die Konstante A' durch die Bedingung $\|\psi\| = 1$ bestimmt wird.

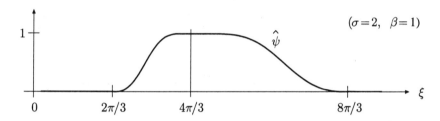

Bild 4.7

Wie bereits früher bemerkt, ist die Funktion

$$\Psi(\xi) := \sum_m |\widehat{\psi}(\sigma^m \xi)|^2$$

invariant bezüglich $\xi \mapsto \sigma\xi$. Betrachten wir sie im ξ-Intervall $[\omega, \sigma\omega]$, so geben nur die zwei Terme mit $m = 0$ und $m = 1$ einen Beitrag. Man findet

$$\Psi(\xi) = |\widehat{\psi}(\xi)|^2 + |\widehat{\psi}(\sigma\xi)|^2 = A'\left(\sin^2\left(\frac{\pi}{2}\nu(x)\right) + \cos^2\left(\frac{\pi}{2}\nu(x)\right)\right) \equiv A';$$

dabei wurde zur Abkürzung

$$\frac{\xi - \omega}{\sigma\omega - \omega} =: x$$

gesetzt.

Soviel zu $\widehat{\psi}$; das (komplexwertige) Wavelet ψ mit dieser Fourier-Transformierten ist in Bild 4.8 zu sehen; $\mathrm{Re}(\psi)$ ist eine gerade, $\mathrm{Im}(\psi)$ eine ungerade Funktion. — Wir werden auf dieses Beispiel zurückkommen. ○

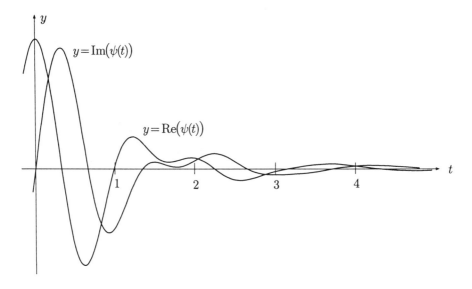

Bild 4.8 Das Daubechies-Grossmann-Meyer-Wavelet zu $\sigma = 2$, $\beta = 1$

4.4 Beweis des Satzes (4.10)

Der nachfolgende Beweis stützt sich im wesentlichen auf [D], Abschnitt 3.3.2.

Wir stehen vor der Aufgabe, die Summe rechter Hand in 4.3.(5) möglichst genau abzuschätzen. Hierzu beginnen wir mit 3.1.(9):

$$\mathcal{W}f(a,b) = |a|^{1/2} \int \widehat{f}(\xi) \, \overline{\widehat{\psi}(a\xi)} \, e^{ib\xi} \, d\xi$$

und setzen zur Abkürzung

$$\widehat{f}(\xi) \, \overline{\widehat{\psi}(a\xi)} =: g(\xi) \, . \tag{1}$$

Damit ergibt sich, $b \neq 0$ vorausgesetzt:

$$\mathcal{W}f(a, nb) = |a|^{1/2} \int_0^{2\pi/b} e^{inb\xi} \sum_l g\!\left(\xi + l\,\frac{2\pi}{b}\right) d\xi \, . \tag{2}$$

Die Funktion

$$G(\xi) := \sum_l g\!\left(\xi + l\,\frac{2\pi}{b}\right)$$

4.4. Beweis des Satzes (4.10)

ist periodisch mit Periode $\frac{2\pi}{b}$. Nach den Formeln (2.8) können wir daher (2) interpretieren als

$$Wf(a, nb) = |a|^{1/2} \cdot \frac{2\pi}{b} \widehat{G}(-n),$$

und durch Summation über n ergibt sich

$$\sum_n |Wf(a, nb)|^2 = |a| \left(\frac{2\pi}{b}\right)^2 \sum_n |\widehat{G}(n)|^2 = |a| \frac{2\pi}{b} \int_0^{2\pi/b} |G(\xi)|^2 d\xi. \quad (3)$$

Hier wurde zuletzt die in (2.8) angeführte Parsevalsche Formel für Periodenlänge $\frac{2\pi}{b}$ benützt.

Wir untersuchen nun das letzte Integral genauer:

$$\int_0^{2\pi/b} |G(\xi)|^2 d\xi = \int_0^{2\pi/b} \sum_{k,l} g\left(\xi + l\frac{2\pi}{b}\right) \overline{g\left(\xi + k\frac{2\pi}{b}\right)} d\xi$$

$$= \sum_{k,l} \int_0^{2\pi/b} g\left(\xi + l\frac{2\pi}{b}\right) \overline{g\left(\xi + k\frac{2\pi}{b}\right)} d\xi.$$

Hier substituieren wir $\xi + l\frac{2\pi}{b} =: \xi'$ und erhalten weiter

$$\int_0^{2\pi/b} |G(\xi)|^2 d\xi = \sum_{k,l} \int_{2l\pi/b}^{2(l+1)\pi/b} g(\xi') \overline{g\left(\xi' + (k-l)\frac{2\pi}{b}\right)} d\xi'$$

$$= \sum_k \int g(\xi) \overline{g\left(\xi + k\frac{2\pi}{b}\right)} d\xi.$$

Tragen wir das in (3) ein, so können wir

$$\sum_n |Wf(a, nb)|^2 = \frac{2\pi |a|}{b} \sum_k \int g(\xi) \overline{g\left(\xi + k\frac{2\pi}{b}\right)} d\xi$$

notieren. Wir setzen hier

$$a := \sigma^m, \quad b := \sigma^m \beta \quad (m \in \mathbb{Z})$$

und summieren auch noch über m. Es ergibt sich

$$\|Tf\|^2 = \sum_{m,n} |Wf(\sigma^m, n\sigma^m \beta)|^2 = \frac{2\pi}{\beta} \sum_{k,m} Q_{km}, \quad (4)$$

wobei die Q_{km} nach Definition (1) von g folgendermaßen aussehen:

$$Q_{km} := \int \widehat{f}(\xi) \overline{\widehat{\psi}(\sigma^m \xi)} \, \overline{\widehat{f}\left(\xi + k\frac{2\pi}{\sigma^m \beta}\right)} \, \widehat{\psi}\left(\sigma^m \xi + k\frac{2\pi}{\beta}\right) d\xi.$$

Es wird sich herausstellen, daß in (4) die Terme mit $k = 0$ den Löwenanteil ausmachen. Wir schreiben daher

$$\|Tf\|^2 = \frac{2\pi}{\beta}\left(\int |\widehat{f}(\xi)|^2 \sum_m |\widehat{\psi}(\sigma^m\xi)|^2 \, d\xi \ + \ Q\right),$$

wobei die sämtlichen Terme Q_{km} mit $k \neq 0$ im Rest Q zusammengefaßt sind. Um den Hauptteil und den Rest gegeneinander ausspielen zu können, benötigen wir das folgende Lemma:

(4.12) *Es sei ψ ein zulässiges Wavelet mit Parametern α, ρ, C und A'. Dann gibt es erstens ein B' mit*

$$\sum_m |\widehat{\psi}(\sigma^m\xi)|^2 \leq B' \qquad \forall \xi \in \mathbb{R},$$

und zweitens gilt

$$|Q| \leq C'\beta^{1+\rho}\|f\|^2 \tag{5}$$

mit einem C', das unabhängig ist von β.

Nach Definition von A' haben wir dann

$$\frac{2\pi}{\beta}(A' - C'\beta^{1+\rho})\|f\|^2 \leq \|Tf\|^2 \leq \frac{2\pi}{\beta}(B' + C'\beta^{1+\rho})\|f\|^2,$$

wie behauptet. Damit ist Satz **(4.10)**, modulo das Lemma, bewiesen. ⌟

Wir holen nun den Beweis von Lemma **(4.12)** nach.

⌈ Um die Summe $\sum_m |\widehat{\psi}(\sigma^m\xi)|^2$ nach oben abzuschätzen, müssen wir die Terme mit $m < 0$ und diejenigen mit $m \geq 0$ getrennt behandeln und dabei jeweils die passende Ungleichung für $\widehat{\psi}$ verwenden. Es ergibt sich

$$\sum_m |\widehat{\psi}(\sigma^m\xi)|^2 \leq \sup_{1\leq|\xi|\leq\sigma} \sum_m |\widehat{\psi}(\sigma^m\xi)|^2$$

$$\leq C^2\left(\sum_{m<0}(\sigma^{m+1})^{2\alpha} + \sum_{m\geq 0}\frac{1}{(\sigma^m)^{2(1+2\rho)}}\right) =: B'.$$

Nun zu (5). Wir fassen Q_{km} als ein Skalarprodukt auf, wobei wir die vorhandenen Faktoren noch passend aufteilen. Nach der Schwarzschen Ungleichung ergibt sich

$$|Q_{km}| \leq \left(\int |\widehat{f}(\xi)|^2 |\widehat{\psi}(\sigma^m\xi)| |\widehat{\psi}(\sigma^m\xi + 2k\pi/\beta)| \, d\xi\right)^{1/2}$$

$$\left(\int |\widehat{f}(\xi + 2k\pi/(\sigma^m\beta))|^2 |\widehat{\psi}(\sigma^m\xi)| |\widehat{\psi}(\sigma^m\xi + 2k\pi/\beta)| \, d\xi\right)^{1/2}.$$

4.4. Beweis des Satzes (4.10)

Substituieren wir hier im zweiten Faktor $\xi + 2k\pi/(\sigma^m \beta) =: \xi'$, so folgt

$$|Q_{km}| \leq \left(\int |\widehat{f}(\xi)|^2 |\widehat{\psi}(\sigma^m \xi)| |\widehat{\psi}(\sigma^m \xi + 2k\pi/\beta)| d\xi\right)^{1/2} \times$$
$$\left(\int |\widehat{f}(\xi)|^2 |\widehat{\psi}(\sigma^m \xi)| |\widehat{\psi}(\sigma^m \xi - 2k\pi/\beta)| d\xi\right)^{1/2}.$$

Die $|Q_{km}|$ sind nun über alle $k \neq 0$ und alle m zu summieren. Für die innere Summe über m verwenden wir die Schwarzsche Ungleichung in der Form

$$\sum_m (\sqrt{x_m} \cdot \sqrt{y_m}) \leq \sqrt{\sum_m x_m} \cdot \sqrt{\sum_m y_m} \,;$$

es ergibt sich

$$|Q| \leq \sum_{k\neq 0} \left(\int |\widehat{f}(\xi)|^2 \sum_m |\widehat{\psi}(\sigma^m \xi)| |\widehat{\psi}(\sigma^m \xi + 2k\pi/\beta)| d\xi\right)^{1/2} \times$$
$$\left(\int |\widehat{f}(\xi)|^2 \sum_m |\widehat{\psi}(\sigma^m \xi)| |\widehat{\psi}(\sigma^m \xi - 2k\pi/\beta)| d\xi\right)^{1/2}. \quad (6)$$

Die Summen über m werden nun nach oben abgeschätzt mit Hilfe der Funktion

$$q(s) := \sup_\xi \sum_m |\widehat{\psi}(\sigma^m \xi)| |\widehat{\psi}(\sigma^m \xi + s)|,$$

wobei es an sich genügen würde, das Supremum über $1 \leq |\xi| \leq \sigma$ zu erstrecken. Die Ungleichung (6) geht damit über in

$$|Q| \leq \|f\|^2 \sum_{k\neq 0} \sqrt{q(2k\pi/\beta) q(-2k\pi/\beta)}. \quad (7)$$

Bei der Abschätzung von $q(\cdot)$ dürfen wir von vornherein $\beta \leq \pi$ annehmen; somit werden nur Werte $q(s)$ mit $|s| \geq 2$ benötigt. Die Terme mit $m < 0$ und die mit $m \geq 0$ müssen wiederum getrennt behandelt werden. Wir bilden also

$$q_-(s) := \sup_{1 \leq |\xi| \leq \sigma} \sum_{m<0} |\widehat{\psi}(\sigma^m \xi)| |\widehat{\psi}(\sigma^m \xi + s)|, \qquad q_+(s) := \sup_{1 \leq |\xi| \leq \sigma} \sum_{m\geq 0} \cdots \,;$$

dann gilt jedenfalls

$$q(s) \leq q_-(s) + q_+(s). \quad (8)$$

Es sei zunächst $m < 0$. Aus $|\xi| \leq \sigma$ und $|s| \geq 2$ folgt

$$|\sigma^m \xi| \leq 1, \qquad |\sigma^m \xi + s| \geq |s| - 1 \geq \frac{|s|}{2} \geq 1.$$

Wir haben daher

$$|\widehat{\psi}(\sigma^m\xi)||\widehat{\psi}(\sigma^m\xi+s)| \leq C^2(\sigma^m|\xi|)^\alpha \frac{1}{(|s|/2)^{1+2\rho}},$$

und durch Summation über alle $m < 0$ ergibt sich

$$q_-(s) \leq \frac{C_1}{|s|^{1+2\rho}}.$$

Im Fall $m \geq 0$ argumentieren wir folgendermaßen: Von den beiden Zahlen $|\sigma^m\xi|$ und $|\sigma^m\xi+s|$ ist mindestens eine $\geq |s|/2$ (beachte, daß ξ und s verschiedenes Vorzeichen haben können) und jedenfalls eine $\geq |\sigma^m\xi|$. Sowohl $|s|/2$ wie $|\sigma^m\xi|$ sind ≥ 1. Wegen $|\widehat{\psi}(\xi)| \leq C$ für alle ξ ziehen wir hieraus den Schluß

$$|\widehat{\psi}(\sigma^m\xi)||\widehat{\psi}(\sigma^m\xi+s)| \leq C^2 \min\left\{\frac{1}{(|s|/2)^{1+2\rho}}, \frac{1}{|\sigma^m\xi|^{1+2\rho}}\right\}$$

$$\leq C^2 \frac{1}{(|s|/2)^{1+\rho}} \frac{1}{|\sigma^m\xi|^\rho},$$

und durch Summation über alle $m \geq 0$ folgt

$$q_+(s) \leq \frac{C_2}{|s|^{1+\rho}}.$$

Wegen (8) haben wir damit

$$q(s) \leq \frac{C_3}{|s|^{1+\rho}} \qquad (|s| \geq 2)$$

und folglich

$$\sqrt{q(2k\pi/\beta)\,q(-2k\pi/\beta)} \leq C_4 \beta^{1+\rho} \frac{1}{|k|^{1+\rho}} \qquad (k \neq 0).$$

Tragen wir das in (7) ein, so ergibt sich nach Ausführung der Summation über alle $k \neq 0$ die behauptete Abschätzung

$$|Q| \leq C' \beta^{1+\rho} \|f\|^2.$$

Es läßt sich ohne weiteres verifizieren, daß die eingeführten Konstanten $C_1, \ldots, C_4$ und C' nicht von β abhängen. ⌟

5 Multiskalen-Analyse

Der Siegeszug der Wavelets durch die verschiedensten Anwendungsgebiete beruht auf den sogenannten „schnellen Algorithmen" (*fast wavelet transform*, FWT), und diese wiederum funktionieren dank einer sorgfältigen Wahl des Mutter-Wavelets ψ. Bis anhin brauchte ja das verwendete Wavelet nur bescheidene „technische" Bedingungen wie $t^r \psi \in L^1$ oder $\psi \in C^r$ für ein $r \geq 0$ zu erfüllen und natürlich $\widehat{\psi}(0) = 0$.

Die trigonometrischen Grundfunktionen $\mathbf{e}_\alpha \colon t \mapsto e^{i\alpha t}$ sind ausgezeichnet durch die folgende lineare Reproduktionseigenschaft: Werden sie einer *Translation* T_h unterworfen, so nehmen sie einfach einen konstanten Faktor auf, in Formeln:

$$T_h \mathbf{e}_\alpha = e^{-i\alpha h} \mathbf{e}_\alpha \ .$$

Im Gegensatz dazu ist bei den Wavelets die *Skalierung* das zentrale Thema, also für beliebiges $a \in \mathbb{R}^*$ die Operation

$$D_a \colon \ \psi \mapsto D_a \psi \,, \qquad D_a \psi(t) := \psi\!\left(\frac{t}{a}\right) .$$

Gegenüber Skalierung haben sich die bis anhin betrachteten Wavelets (ausgenommen ψ_{Haar}) indifferent verhalten: Sie sind eben gestaucht bzw. auseinandergezogen worden. Im diskreten Fall geht es um die ganzzahligen Iterierten einer einzigen Skalierungsoperation D_σ, wobei $\sigma > 1$ den Zoomschritt bezeichnet. Wir wollen hier ein für allemal $\sigma := 2$ wählen; das ist auch der in der Praxis am häufigsten verwendete Wert. Wenn nun ein Mutter-Wavelet ψ zugrundegelegt wird, das sich in bestimmter Weise reproduziert, wenn es dem Zoom D_2 unterworfen wird, so ergeben sich neuartige und hocherfreuliche Effekte, die eben unter dem Begriff Multiskalen-Analyse (MSA) zusammengefaßt werden. Konkret wird es so eingerichtet, daß ψ einer linearen Identität der folgenden Form genügt:

$$D_2 \psi(t) \equiv \sum_{k=0}^{n} c_k \psi(t-k) \ .$$

Diese Identität führt zu analogen linearen Formeln zwischen den Skalarprodukten $\langle f, \psi_{n,k} \rangle$ und $\langle f, \psi_{n+1,k} \rangle$, so daß diese Skalarprodukte (die *Waveletkoeffizienten* von f) nicht auf jeder Zoomstufe durch mühselige Integration *ab ovo* berechnet werden müssen. Die definitiven Formeln werden etwas anders aussehen; aber dies ist die Grundidee.

5.1 Axiomatische Beschreibung

In Abschnitt 4.3 wurde die kontinuierliche Wavelet-Transformation diskretisiert, und es wurde gezeigt, daß unter geeigneten Voraussetzungen ein diskreter Satz $\bigl(Tf(m,n)\,|\,(m,n)\in\mathbb{Z}^2\bigr)$ von „Waveletmessungen" $Tf(m,n):=\langle f,\psi_{m,n}\rangle$ ausreicht, um die vollständige Rekonstruktion von f (punktweise, im L^2-Sinn usw., je nachdem) zu ermöglichen. Die Multiskalen-Analyse ist von vorneherein diskret, und die auftretenden Waveletfunktionen $\psi_{j,k}$ bilden kraft Konstruktion eine orthonormierte Basis von L^2. Es müssen also keine $\tilde\psi_{j,k}$ berechnet werden.

Zu einer *Multiskalen-Analyse*, abgekürzt *MSA*, gehören definitionsgemäß die folgenden Ingredienzen (a)–(c):

(a) Eine zweiseitige Folge $\bigl(V_j\,|\,j\in\mathbb{Z}\bigr)$ von abgeschlossenen Teilräumen von L^2. Diese V_j sind durch Inklusion geordnet:

$$\ldots \subset V_2 \subset V_1 \subset V_0 \subset V_{-1} \subset \ldots \subset V_j \subset V_{j-1} \subset \ldots \subset L^2 \qquad (1)$$

(zu kleinerem j gehört der umfassendere Raum!), und es gilt

$$\bigcap_j V_j = \{0\} \qquad (\textit{Separationsaxiom}), \qquad (2)$$

$$\overline{\bigcup_j V_j} = L^2 \qquad (\textit{Vollständigkeitsaxiom}). \qquad (3)$$

Dabei sollte man sich etwa folgendes vorstellen: Die Zeitsignale $f\in V_j$ enthalten nur Details mit Ausdehnung $\geq 2^j$ auf der Zeitachse. Je negativer j, desto feiner sind die Details, die in den $f\in V_j$ vorkommen können, und „im Limes" kann überhaupt jedes $f\in L^2$ durch Funktionen $f_j\in V_j$ erreicht werden.

(b) Die V_j sind durch eine starre Skalierungseigenschaft miteinander verknüpft:

$$V_{j+1} = D_2(V_j) \qquad \forall j\in\mathbb{Z}\,. \qquad (4)$$

Auf die Zeitsignale f bezogen kann man das folgendermaßen ausdrücken:

$$f\in V_j \quad\Longleftrightarrow\quad f(2^j\cdot)\in V_0\,. \qquad (5)$$

(c) V_0 enthält 1 Basisvektor pro Grundschritt 1. Genau: Es gibt ein $\phi\in L^2\cap L^1$, so daß die Funktionen $\bigl(\phi(\,\cdot\,-k)\,|\,k\in\mathbb{Z}\bigr)$ eine orthonormierte Basis von V_0 bilden. Dieses ϕ heißt *Skalierungsfunktion* der betrachteten MSA; es bestimmt alles weitere vollständig.

Achtung: Verschiedene Autoren numerieren die V_j gerade in umgekehrter Richtung. Wir halten uns hier an [D].

5.1 Axiomatische Beschreibung

Aufgrund von Punkt (c) läßt sich V_0 in folgender Weise als Menge von Zeitsignalen f darstellen:

$$V_0 = \left\{ f \in L^2 \mid f(t) = \sum_k c_k \, \phi(t-k), \quad \sum_k |c_k|^2 < \infty \right\}. \tag{6}$$

Ausgehend von ϕ bilden wir nun wie seinerzeit mit dem gewählten Mutter-Wavelet ψ die Funktionen

$$\phi_{j,k}(t) := 2^{-j/2} \, \phi\!\left(\frac{t - k \cdot 2^j}{2^j}\right) = 2^{-j/2} \, \phi\!\left(\frac{t}{2^j} - k\right) \qquad (j \in \mathbb{Z},\ k \in \mathbb{Z}).$$

Aus (b) folgt dann ohne weiteres, daß die Familie $(\phi_{j,k} \mid k \in \mathbb{Z})$ eine orthonormierte Basis von V_j ist, wobei nun $\phi_{j,k}$ und $\phi_{j,k+1}$ um die Schrittweite 2^j gegeneinander verschoben sind.

Die Orthogonalprojektion P_j von L^2 auf V_j läßt sich nach dem unter (a) Gesagten als Tiefpass-Filter interpretieren: Das Bild $P_j f$ eines Signals $f \in L^2$ enthält noch alle Details von f, die wenigstens die Ausdehnung 2^j auf der Zeitachse besitzen. Für P_j haben wir die folgende Formel:

$$P_j f = \sum_{k=-\infty}^{\infty} \langle f, \phi_{j,k} \rangle \, \phi_{j,k}. \tag{7}$$

① Das simpelste Beispiel einer MSA erhält man wie folgt: Man wählt $\phi := 1_{[0,1[}$ und setzt

$$V_0 := \{ f \in L^2 \mid f \text{ konstant auf Intervallen } [k, k+1[\,\}, \qquad V_j := D_{2^j}(V_0) \quad (j \neq 0).$$

Dann sind jedenfalls (b) und (c) erfüllt, und auch (1) ist gesichert. Die Separationsbedingung (2) trifft trivialerweise zu, und die Vollständigkeit (3) ergibt sich ohne weiteres daraus, daß die Treppenfunktionen mit dual rationalen Sprungstellen in L^2 dicht liegen. Wird die in den Abschnitten 5.1–3 dargestellte allgemeine Konstruktion auf dieses einfache Beispiel angewandt, so resultiert gerade das Haar-Wavelet. Wir werden das im einzelnen verfolgen. ○

Wegen der Inklusionen (1) lassen sich die $\phi_{j,k}$ nicht zu einer großen orthonormierten Basis von L^2 zusammenfassen. Wir konstruieren darum zusätzlich zum System der V_j ein System $(W_j \mid j \in \mathbb{Z})$ von *paarweise orthogonalen* Teilräumen $W_j \subset L^2$, und zwar wählen wir als W_j gerade den „Raumgewinn" beim Übergang vom Raum V_j zum nächstgrößeren Raum V_{j-1} in der Kette (1). Damit ist natürlich folgendes gemeint: W_j ist das orthogonale Komplement von V_j in V_{j-1}. Dann gilt

$$V_{j-1} = V_j \oplus W_j, \qquad W_j \perp V_j \qquad \forall j \in \mathbb{Z}; \tag{8}$$

ferner ist alles so eingerichtet, daß die zu (4) und (5) analogen Formeln

$$W_{j+1} = D_2(W_j) \qquad \text{bzw.} \qquad f \in W_j \iff f(2^j \cdot) \in W_0 \tag{9}$$

ebenfalls zutreffen. Wir dürfen deren Beweis getrost dem Leser überlassen.

Betrachtet man die Kette (1) und die Definition (8) der W_j, so erscheint die folgende Proposition plausibel:

(5.1) *Besitzt das System $(V_j \mid j \in \mathbb{Z})$ die Eigenschaften (a) einer MSA, so sind die zugehörigen Teilräume W_j paarweise orthogonal, und es gilt*

$$\overline{\bigoplus_j W_j} = L^2 \qquad \text{(orthogonale direkte Summe)}. \tag{10}$$

⌈ Ist $i > j$, so gilt $W_i \subset V_{i-1} \subset V_j$, und mit (8) schließt man auf $W_i \perp W_j$.

Für den Beweis von (10) benötigen wir sowohl die Vollständigkeit (3) wie auch das Separationsaxiom (2). Wir müssen folgendes zeigen: Aus $f \in L^2$ und

$$f \perp W_j \qquad \forall j \in \mathbb{Z}$$

folgt $f = 0$.

Es sei ein $\varepsilon > 0$ vorgegeben. Nach (3) gibt es ein j_0 und ein $h_0 \in V_{j_0}$ mit $\|f - h_0\| < \varepsilon$; wir nehmen der Einfachheit halber $j_0 = 0$ an. Zu $h_0 \in V_0$ gibt es ein $h_1 \in V_1$ und ein $g_1 \in W_1$ mit

$$h_0 = h_1 + g_1 \,;$$

weiter gibt es ein $h_2 \in V_2$ und ein $g_2 \in W_2$ mit

$$h_1 = h_2 + g_2 \,.$$

So in der absteigenden Kette $V_0 \supset V_1 \supset V_2 \supset \ldots$ fortfahrend erhält man

$$h_0 = h_n + \sum_{k=1}^{n} g_k \,, \qquad h_n \in V_n \,, \quad g_k \in W_k \ (1 \leq k \leq n) \,.$$

Da hier alle rechter Hand erscheinenden Vektoren aufeinander senkrecht stehen, gilt

$$\|h_n\|^2 + \sum_{k=1}^{n} \|g_k\|^2 = \|h_0\|^2 \qquad \forall n \,.$$

Hiernach ist die Reihe $\sum_{k=0}^{\infty} \|g_k\|^2$ konvergent; somit konvergiert die Reihe $\sum_{k=0}^{\infty} g_k$ in L^2, und es existiert der

$$\lim_{n \to \infty} h_n =: h \,.$$

Betrachte ein festes j. Für alle $n \geq j$ ist $h_n \in V_n \subset V_j$; folglich ist auch $h \in V_j$, denn die V_j sind abgeschlossen. Da dies für alle j zutrifft, schließen wir mit (2) auf $h = 0$. Damit ist

$$h_0 = \sum_{k=0}^{\infty} g_k \,;$$

und da f nach Voraussetzung auf allen $g_k \in W_k$ senkrecht steht, folgt

$$\langle f, h_0 \rangle = \sum_{k=0}^{\infty} \langle f, g_k \rangle = 0 \,.$$

5.1 Axiomatische Beschreibung

Dies impliziert nach dem Satz von Pythagoras die Ungleichung

$$\|f\|^2 = \|f - h_0\|^2 - \|h_0\|^2 < \varepsilon^2 \ .$$

Da ε beliebig war, muß $f = 0$ sein. ⌐

Es bezeichne Q_j die Orthogonalprojektion von L^2 auf W_j. Aus (8) folgt nach allgemeinen Prinzipien die Beziehung

$$Q_j = P_{j-1} - P_j \qquad \text{bzw.} \qquad P_{j-1} = P_j + Q_j \ .$$

Wir haben weiter oben die Projektion P_j als Tiefpass-Filter interpretiert und können nunmehr folgendes sagen: $P_{j-1}f$ enthält alle Details des Signals f, die wenigstens die Ausdehnung 2^{j-1} haben, und in der Differenz $P_{j-1}f - P_jf = Q_jf$ werden hieraus noch die Anteile mit Ausdehnung $\geq 2^j$ entfernt. Somit ist Q_j eine Art Filter, der gerade die Details von f mit einer zeitlichen Ausdehnung um $2^j/\sqrt{2}$ herum aus f heraussiebt. Andersherum: Man erhält $P_{j-1}f$, indem man zu den in P_jf wiedergegebenen Anteilen der Ausdehnung $\geq 2^j$ die in Q_jf gespeicherten Zusatzdetails der Ausdehnung $\sim 2^j/\sqrt{2}$ hinzufügt.

Wenn wir die orthogonale Zerlegung

$$V_{-1} = V_0 \oplus W_0$$

betrachten, so können wir folgende Milchmädchenrechnung anstellen: Der Raum V_{-1} benötigt zwei Basisvektoren pro Längeneinheit, und V_0 liefert einen Basisvektor pro Längeneinheit. Folglich enthält auch W_0 gerade einen Basisvektor pro Längeneinheit, und aus Symmetriegründen sollte es möglich sein, diese Basisvektoren von W_0 wie diejenigen von V_0 durch ganzzahlige Translationen auseinander hervorgehen zu lassen. In anderen Worten: Es besteht eine gewisse Hoffnung, daß sich eine Funktion $\psi \in L^2$ finden läßt mit der Eigenschaft, daß die Familie $\bigl(\psi(\,\cdot\, - k)\,|\,k \in \mathbb{Z}\bigr)$ gerade eine orthonormierte Basis von W_0 ist.

Ein derartiges ψ wäre dann unser Mutter-Wavelet. Setzt man, wie seinerzeit vereinbart,

$$\psi_{j,k}(t) := 2^{-j/2}\,\psi\Bigl(\frac{t - k \cdot 2^j}{2^j}\Bigr) = 2^{-j/2}\,\psi\Bigl(\frac{t}{2^j} - k\Bigr) \qquad (j \in \mathbb{Z},\, k \in \mathbb{Z})\,,$$

so ist die (für festes j gebildete) Familie

$$\bigl(\psi_{j,k}\,|\,k \in \mathbb{Z}\bigr)$$

eine orthonormierte Basis von W_j, und man hat folgende Formel für Q_jf:

$$Q_jf = \sum_{k=-\infty}^{\infty} \langle f, \psi_{j,k} \rangle\,\psi_{j,k} \ .$$

Die Gesamtheit *aller* $\psi_{j,k}$, also die Familie

$$\psi_\cdot := \left(\psi_{j,k} \,|\, (j,k) \in \mathbb{Z}^2 \right)$$

wäre dann eine orthonormierte Wavelet-Basis von L^2.

In den nächsten Abschnitten geht es darum, diesen Traum zu realisieren. Im besonders einfachen Fall von Beispiel ① ist die obige Milchmädchenrechnung sogar stichhaltig, da die Träger der $\phi_{0,k}$ nicht überlappen, und man durchschaut leicht, daß $\psi := \psi_{\text{Haar}}$ das Gewünschte leistet.

5.2 Die Skalierungsfunktion

Die Skalierungsfunktion ϕ ist das Alpha und das Omega jeder Multiskalen-Analyse. Hat man sich auf ein ϕ festgelegt, so ist der Raum V_0 bestimmt durch 5.1.(6), die weiteren V_j ergeben sich mit 5.1.(5), und die W_j sind charakterisiert durch 5.1.(8). Bei der Wahl von $\phi = \phi_{0,0} \in L^2 \cap L^1$ sind dreierlei Bedingungen zu berücksichtigen: Erstens müssen die $\phi_{0,k}$ orthonormiert sein. Sind die $\phi_{0,k}$ zu einem vorgegebenen ϕ nicht orthonormiert, so ließe sich dieser Zustand vielleicht mit Hilfe eines Gram-Schmidt-Prozesses herstellen. Wir werden im nächsten Abschnitt einen „Orthogonalisierungstrick" kennen lernen, der die $\phi_{0,k}$ mit einem Schlag zu einem Orthonormalsystem $\left(\phi_{0,k}^{\#} \,|\, k \in \mathbb{Z} \right)$ macht, dessen Mitglieder immer noch durch ganzzahlige Translationen auf der Zeitachse auseinander hervorgehen.

Zweitens müssen wir dafür sorgen, daß die Bedingungen 5.1.(2) (Separation) und 5.1.(3) (Vollständigkeit) erfüllt sind. Mit diesem Punkt werden wir uns am Schluß dieses Abschnitts befassen. Dabei wird sich folgendes herausstellen (Satz (**5.8**)): Die bescheidene Normierungsbedingung

$$\left| \int \phi(x) dx \right| = 1 \quad \text{bzw.} \quad \left| \widehat{\phi}(0) \right| = \frac{1}{\sqrt{2\pi}} \qquad (1)$$

ist für 5.1.(2)–(3) notwendig und hinreichend.

Die dritte und letzte Bedingung, die wir zu berücksichtigen haben, ist vielleicht weniger offensichtlich, aber am einschneidensten: Wir müssen dafür sorgen, daß die Inklusionen 5.1.(1) garantiert sind. Das folgende Lemma mag der Leser selbst verifizieren:

(**5.2**) *Es sei ein $\phi \in L^2$ gewählt, $\phi \neq 0$. Definiere V_0 durch 5.1.(6) und die weiteren V_j durch 5.1.(5). Gilt dann $V_0 \subset V_{-1}$, so treffen sämtliche Inklusionen 5.1.(1) zu.*

Damit kommen wir zu dem entscheidenden Punkt:

5.2 Die Skalierungsfunktion

(5.3) *Für $V_0 \subset V_{-1}$ ist notwendig und hinreichend, daß es einen Koeffizientenvektor $h. \in l^2(\mathbb{Z})$ gibt mit*

$$\phi(t) = \sqrt{2} \sum_{k=-\infty}^{\infty} h_k \, \phi(2t - k) \qquad \text{(fast alle } t \in \mathbb{R}\text{)} . \tag{2}$$

⌐ Aus 5.1.(5)–(6) folgt

$$V_{-1} = \left\{ f \in L^2 \mid f = \sum_k h_k \phi_{-1,k} \, , \; h \in l^2(\mathbb{Z}) \right\},$$

die Bedingung (2) ist daher für $\phi \in V_0 \subset V_{-1}$ notwendig. — Umgekehrt: Aus (2) ergibt sich für beliebiges $l \in \mathbb{Z}$ die Identität

$$\phi(t - l) = \sqrt{2} \sum_{k=-\infty}^{\infty} h_k \, \phi\bigl(2t - (k + 2l)\bigr) \qquad \text{(fast alle } t \in \mathbb{R}\text{)},$$

folglich ist dann

$$\phi_{0,l} = \sum_{k=-\infty}^{\infty} h_k \, \phi_{-1,k+2l} \in V_{-1} \qquad \forall l \in \mathbb{Z} .$$

Hiermit liegen auch beliebige Linearkombinationen der $\phi_{0,l}$ in V_{-1}, und $V_0 \subset V_{-1}$ ist erwiesen.
⌐

Die Identität (2) heißt *Skalierungsgleichung*; sie regiert die ganze Multiskalen-Analyse. Wir werden nämlich in Satz **(6.1)** bzw. 6.1.(2) sehen, daß der Koeffizientenvektor $h.$ die Skalierungsfunktion ϕ eindeutig festlegt. Die Koeffizienten h_k erscheinen auch in den zugehörigen Algorithmen, und zwar bestimmen sie sozusagen „alles": Bei der numerischen Arbeit muß man weder die Skalierungsfunktion ϕ noch das dazugehörige Mutter-Wavelet ψ (das wir noch konstruieren werden) zur ständigen Verfügung haben; dies im Gegensatz zur Fourier-Analyse, wo immer wieder Funktionswerte $e^{i\xi}$ berechnet werden müssen.

Die Skalierungsgleichung beschreibt eine Art „Selbstähnlichkeit" der Funktion ϕ. Man vergleiche dazu die Gleichung

$$K = \bigcup_{i=1}^{r} f_i(K)$$

in der Theorie der fraktalen Mengen; die f_i sind dort kontrahierende Ähnlichkeiten der euklidischen Ebene. Das Vorhandensein einer derartigen Reproduktionseigenschaft unter D_2 schränkt natürlich die Wahlmöglichkeiten für ϕ wesentlich ein.

Auch die h_k lassen sich nicht beliebig wählen. Wir müssen ja dafür sorgen, daß die $\phi_{0,k}$ eine orthonormierte Basis von V_0 bilden. Da das Skalarprodukt translationsinvariant ist, sind hierfür sind die Gleichungen

$$\langle \phi_{0,n}, \phi \rangle = \delta_{0n} \qquad \forall n \in \mathbb{Z}$$

notwendig und hinreichend. Wird das mit (2) in Verbindung gebracht, so ergibt sich

$$\begin{aligned}
\delta_{0n} &= \int \phi(t-n)\overline{\phi(t)}\,dt = 2\sum_{k,l} h_k \overline{h_l} \int \phi(2t-2n-k)\overline{\phi(2t-l)}\,dt \\
&= \sum_{k,l} h_k \overline{h_l} \int \phi(t'-2n-k)\overline{\phi(t'-l)}\,dt' = \sum_{k,l} h_k \overline{h_l}\, \delta_{2n+k,l} \\
&= \sum_k h_k \overline{h_{2n+k}}\,.
\end{aligned}$$

Damit also die $\phi_{0,k}$ orthonormiert sind, müssen die h_k notwendigerweise den sogenannten *Konsistenzbedingungen*

(5.4) $$\sum_{k=-\infty}^{\infty} h_k \overline{h_{k+2n}} = \delta_{0n} \qquad \forall n \in \mathbb{Z}$$

genügen, insbesondere der Gleichung $\sum_k |h_k|^2 = 1$. — An dieser Stelle beweisen wir gerade noch die folgende lineare Relation zwischen den h_k; die darin auftretende Bedingung $q \neq 0$ ist wegen (1) ohne Belang.

(5.5) *Ist $h \in l^1(\mathbb{Z})$ und $\int \phi(t)\,dt =: q \neq 0$, so gilt*

$$\sum_{k=-\infty}^{\infty} h_k = \sqrt{2}\,.$$

⌐ Wird die Skalierungsgleichung (2) von $-N$ bis N nach t integriert, so resultiert

$$\int_{-N}^{N} \phi(t)\,dt = \sqrt{2} \sum_k h_k \int_{-N}^{N} \phi(2t-k)\,dt = \frac{1}{\sqrt{2}} \sum_k h_k \int_{-2N-k}^{2N-k} \phi(t')\,dt' \,. \qquad (3)$$

Es ist

$$\left| \int_{-2N-k}^{2N-k} \phi(t')\,dt' \right| \leq \|\phi\|_1 \qquad \forall k \in \mathbb{Z}\,.$$

Nach dem Satz von Lebesgue, angewandt auf die Summe rechter Hand in (3), folgt daher durch Grenzübergang $N \to \infty$:

$$q = \frac{1}{\sqrt{2}} \sum_k h_k\, q$$

und damit die Behauptung. ⌐

5.2 Die Skalierungsfunktion

Aber Vorsicht: Sogar, wenn wir ein $h. \in l^2(\mathbb{Z})$ haben, das die Relationen (**5.4**) und (**5.5**) erfüllt, ist damit noch lange nicht gesagt, daß es eine brauchbare Funktion ϕ gibt, die der Skalierungsgleichung (2) genügt.

Im Augenblick wollen wir einfach annehmen, es liege tatsächlich eine Multiskalen-Analyse gemäß (a)–(c) vor. Schreiben wir (2) in der Form

$$\phi = \sum_k h_k \, \phi_{-1,k} \,,$$

so ergibt sich nach allgemeinen Prinzipien über orthonormale Basen die Formel

$$h_k = \langle \phi, \phi_{-1,k} \rangle \qquad (k \in \mathbb{Z}) \,. \tag{4}$$

Das Skalarprodukt $\langle \phi, \phi_{-1,k} \rangle$ ist höchstens dann $\neq 0$, wenn die Träger von ϕ und von $\phi_{-1,k}$ überlappen. Die Formel (4) erlaubt daher den folgenden Schluß:

(**5.6**) *Besitzt die Skalierungsfunktion ϕ kompakten Träger, so sind höchstens endlich viele h_k von 0 verschieden.*

Man kann aber noch mehr sagen. Zu diesem Zweck definieren wir für beliebige Funktionen $f \colon \mathbb{R} \to \mathbb{C}$ die Größen

$$a(f) := \inf\{x \mid f(x) \neq 0\} \geq -\infty \,, \qquad b(f) := \sup\{x \mid f(x) \neq 0\} \leq \infty \,.$$

In dem folgenden Satz nehmen wir der Einfachheit halber an, daß ϕ eine richtiggehende Funktion ist und nicht nur ein L^2-Objekt.

(**5.7**) *Die Skalierungsfunktion ϕ habe kompakten Träger. Dann sind $a := a(\phi)$ und $b := b(\phi)$ ganze Zahlen, und höchstens die h_k mit $a \leq k \leq b$ sind von 0 verschieden.*

⌐ Man hat

$$a(\phi_{-1,k}) = \frac{1}{2}\bigl(a(\phi) + k\bigr) \,, \qquad b(\phi_{-1,k}) = \frac{1}{2}\bigl(b(\phi) + k\bigr) \,.$$

Aufgrund von (**5.6**) sind die Zahlen

$$k_{\min} := \min\{k \mid h_k \neq 0\} \,, \qquad k_{\max} := \max\{k \mid h_k \neq 0\}$$

wohldefiniert. Betrachtet man nun die rechte Seite der Skalierungsgleichung (2) als eine Superposition von kongruenten Graphen, die mit Schrittweite $\frac{1}{2}$ gegeneinander verschoben sind, so erkennt man, daß

$$a = a(\phi_{-1,k_{\min}}) = \frac{1}{2}(a + k_{\min}) \,, \qquad b = b(\phi_{-1,k_{\max}}) = \frac{1}{2}(b + k_{\max})$$

gelten muß. Aus diesen beiden Gleichungen folgt $k_{\min} = a$, $k_{\max} = b$. ⌐

Wenn man bedenkt, daß in den numerischen Algorithmen einzig noch die h_k eine Rolle spielen, so ist nunmehr klar, daß man nicht nur aus akademischen Gründen daran interessiert ist, Skalierungsfunktionen mit kompaktem Träger zu konstruieren. Bis dahin ist aber noch ein weiter Weg.

① Wegen $1_{[0,1[} = 1_{[0,\frac{1}{2}[} + 1_{[\frac{1}{2},1[}$ genügt die in Beispiel 5.1.① betrachtete und zum Haar-Wavelet gehörende Skalierungsfunktion

$$\phi := \phi_{\text{Haar}} := 1_{[0,1[}$$

der Skalierungsidentität

$$\phi(t) \equiv \phi(2t) + \phi(2t-1) \quad \text{bzw.} \quad \phi = \frac{1}{\sqrt{2}}\phi_{-1,0} + \frac{1}{\sqrt{2}}\phi_{-1,1}$$

(siehe Bild 5.1). Im vorliegenden Fall ist also

$$h_0 = h_1 = \frac{1}{\sqrt{2}}, \qquad h_k = 0 \quad \forall k \in \mathbb{Z} \setminus \{0,1\}. \tag{5}$$

Man verifiziert ohne weiteres, daß die Aussagen (**5.4**), (**5.5**) und (**5.7**) durch dieses Beispiel bestätigt werden. ◯

Wir müssen noch, wie versprochen, der Frage nachgehen, unter welchen Annahmen über ϕ Separation und Vollständigkeit der Familie $(V_j \mid j \in \mathbb{Z})$ garantiert sind. Der folgende Satz gibt die einfache Antwort:

(**5.8**) *Die Skalierungsfunktion $\phi \in L^2$ genüge einer Abschätzung der Form*

$$|\phi(t)| \leq \frac{C}{1+t^2} \qquad (t \in \mathbb{R}), \tag{6}$$

und die Familie $(\phi_{0,k} \mid k \in \mathbb{Z})$ sei eine orthonormierte Basis von V_0. Dann gilt jedenfalls

$$\bigcap_j V_j = \{0\}; \tag{7}$$

und genau dann, wenn $\int \phi(t)\,dt =: q$ *den Betrag 1 hat, gilt auch* $\overline{\bigcup_j V_j} = L^2$.

⌐ Jedes $f \in V_0$ besitzt eine Darstellung der Form $f = \sum_k f_k \phi_{0,k}$; dabei gilt $\sum_k |f_k|^2 = \|f\|^2 < \infty$. Aus (6) folgt die weitere Abschätzung

$$\sum_k |\phi(t-k)|^2 \leq C \qquad \forall t \in \mathbb{R}$$

5.2 Die Skalierungsfunktion

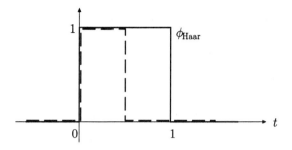

Bild 5.1

(mit einem anderen C), und hieraus schließt man mit Hilfe der Schwarzschen Ungleichung auf

$$|f(t)| \leq \sum_k |f_k|\,|\phi(t-k)| \leq C\,\|f\| \qquad \text{(fast alle } t \in \mathbb{R}\text{)}.$$

Da $f \in V_0$ beliebig war, haben wir daher

$$\|f\|_\infty := \operatorname*{ess\,sup}_{t \in \mathbb{R}} |f(t)| \leq C\,\|f\| \qquad \forall f \in V_0\,.$$

Für ein $g \in V_j$ ist die Funktion $f := g(2^j\,\cdot\,)$ in V_0; folglich gilt dann

$$\|g\|_\infty = \|f\|_\infty \leq C\|f\| = C\,2^{-j/2}\,\|g\|\,.$$

Gehört nun dieses g sämtlichen V_j $(j > 0)$ gleichzeitig an, so ist das nur möglich, wenn $\|g\|_\infty = 0$ und folglich $g = 0$ ist. Damit ist (7) bewiesen.

Der Raum $\tilde{V} := \overline{\cup_j V_j}$ ist invariant gegenüber den Translationen T_k $(k \in \mathbb{Z})$ und den Dilatationen D_{2^j} $(j \in \mathbb{Z})$; ferner liegen die Treppenfunktionen mit dual rationalen Sprungstellen dicht in L^2. Zum Beweis der zweiten Behauptung genügt es daher, folgendes zu zeigen:

Die Funktion $f := 1_{[-1,1[}$ ist genau dann in $\tilde{V}$, wenn $|q| = 1$ ist.

Die Relation $f \in \tilde{V}$ bedeutet, daß f von seinen Bildern $P_{-j}f$ für $j \to \infty$ im L^2-Sinn beliebig genau approximiert wird:

$$\lim_{j \to \infty} P_{-j}f = f\,,$$

und nach allgemeinen Prinzipien ist dies äquivalent mit

$$\lim_{j \to \infty} \|P_{-j}f\|^2 = \|f\|^2 = 2\,. \qquad (8)$$

Wir halten $j > 0$ für den Moment fest. Nach 5.1.(7) ist

$$P_{-j}f = \sum_k c_k \phi_{-j,k}, \qquad c_k := \langle f, \phi_{-j,k}\rangle$$

und folglich

$$\|P_{-j}f\|^2 = \sum_k |c_k|^2 .$$

Für die c_k machen wir folgende Rechnung auf:

$$c_k = \int_{-1}^{1} \overline{\phi_{-j,k}(t)}\, dt = 2^{j/2} \int_{-1}^{1} \overline{\phi(2^j t - k)}\, dt = 2^{-j/2} \int_{-N-k}^{N-k} \overline{\phi(t')}\, dt', \qquad (9)$$

dabei haben wir zur Abkürzung $2^j =: N$ gesetzt.

Mit C bezeichnen wir im folgenden immer wieder neue positive Konstanten, die von der gewählten Skalierungsfunktion ϕ, nicht aber von j (bzw. N) und k abhängen, und mit Θ bezeichnen wir immer wieder neue komplexe Zahlen vom Betrag ≤ 1.

Aus (6) folgt für beliebiges $a > 0$ die Abschätzung

$$\int_{|t|\geq a} |\phi(t)|\, dt < 2 \int_a^\infty \frac{C}{t^2}\, dt = \frac{C}{a} . \qquad (10)$$

Um uns für die folgenden Konvergenzbetrachtungen zusätzlichen Spielraum zu verschaffen, wählen wir noch ein $\varepsilon \in\,]0,1]$; es gibt dann ein $M \in \mathbb{N}$ mit

$$\int_{|t|\geq M} |\phi(t)|\, dt \leq \varepsilon . \qquad (11)$$

Bei der Abschätzung des Integrals rechter Hand in (9) nehmen wir von vorneherein $N := 2^j \geq M$ an und unterscheiden die drei folgenden Fälle:

- Ist $|k| \leq N - M$, so gilt $-N - k \leq -N + (N-M) = -M$ und analog $N - k \geq N - (N-M) = M$. Wegen (11) haben wir daher

$$c_k = 2^{-j/2}\bigl(\bar{q} + \Theta\varepsilon\bigr) ,$$

und hieraus folgt leicht

$$|c_k|^2 = 2^{-j}\bigl(|q|^2 + C\Theta\varepsilon\bigr) .$$

- Ist $N - M < |k| \leq N + M$, so ergibt sich mit

$$\Bigl|\int_{-N-k}^{N-k} \overline{\phi(t)}\, dt\Bigr| \leq \int |\phi(t)|\, dt = C$$

die Abschätzung $|c_k| \leq 2^{-j/2} C$.

- Ist $|k| > N + M$ und zum Beispiel $k > 0$, so ist in dem fraglichen Integral die Obergrenze $N - k \leq -M < 0$. Wegen (10) lassen sich daher die betreffenden c_k wie folgt abschätzen:
$$|c_k| \leq 2^{-j/2} \frac{C}{k-N} \ .$$

Damit ergibt sich

$$\sum_{|k|>N+M} |c_k|^2 \leq 2 \cdot 2^{-j} \sum_{k=N+M+1}^{\infty} \frac{C^2}{(k-N)^2} \leq 2 \cdot 2^{-j} \sum_{k'=M+1}^{\infty} \frac{C}{k'^2} \leq 2^{-j} \frac{C}{M} \ .$$

Berücksichtigen wir noch die Anzahlen der k's in den beiden ersten Fällen, so erhalten wir für $\|P_j f\|^2$ die folgende Darstellung:

$$\|P_{-j} f\|^2 = \sum_k |c_k|^2$$
$$= \left(2 \cdot (2^j - M) + 1\right) 2^{-j} \left(|q|^2 + C\Theta\varepsilon\right) + 2^{-j}\Theta\left(4MC + \frac{C}{M}\right)$$
$$= (2|q|^2 + C\Theta\varepsilon) + 2^{-j}\Theta\left(2M(|q|^2 + C) + 4MC + \frac{C}{M}\right) \ .$$

Hieraus schließt man auf $\lim_{j \to \infty} \|P_{-j} f\|^2 = 2|q|^2 + C\Theta\varepsilon$; und da $\varepsilon > 0$ beliebig war, gilt (8) genau dann, wenn $|q| = 1$ ist. ⌟

5.3 Konstruktionen im Fourier-Bereich

Die Multiskalen-Analyse ist „invariant" bezüglich ganzzahliger Translationen sowie bezüglich Dilatationen mit Zweierpotenzen. Um diese innere Symmetrie möglichst gut auszunützen, werden wir die tatsächliche Konstruktion von zulässigen ϕ's und zugehörigen Mutter-Wavelets ψ in den „Fourier-Bereich" verlegen. Die Orthonormalität der $\phi_{0,k} = \phi(\cdot - k)$ zum Beispiel muß also durch Eigenschaften von $\widehat{\phi}$ ausgedrückt werden; natürlich benötigen wir auch eine Fourier-Version der Skalierungsgleichung, undsoweiter.

Für eine beliebige Funktion $\phi \in L^2$ ist

$$\|\phi\|^2 = \int |\widehat{\phi}(\xi)|^2 \, d\xi = \sum_l \int_0^{2\pi} |\widehat{\phi}(\xi + 2\pi l)|^2 \, d\xi \ .$$

Hier läßt sich die rechte Seite als Integral über $\mathbb{Z} \times [0, 2\pi]$ auffassen. Nach dem Satz von Fubini ist folglich die bei Vertauschung der Integrationsreihenfolge entstehende Funktion

$$\Phi(\xi) := \sum_l |\widehat{\phi}(\xi + 2\pi l)|^2$$

fast überall zunächst auf $[0, 2\pi]$, dann auf ganz $\mathbb{R}$ definiert, von selbst 2π-periodisch, und es gilt

$$\|\phi\|^2 = \int_0^{2\pi} \Phi(\xi)\, d\xi\,.$$

Wir beweisen als erstes das folgende Lemma:

(5.9) *Für eine beliebige Funktion $\phi \in L^2$ bilden die ganzzahligen Translatierten $\phi_k := \phi(\,\cdot - k)$ genau dann ein Orthonormalsystem, wenn folgende Identität zutrifft:*

$$\Phi(\xi) := \sum_l |\widehat{\phi}(\xi + 2\pi l)|^2 \equiv \frac{1}{2\pi} \qquad (\text{fast alle } \xi \in \mathbb{R})\,. \tag{1}$$

⌐ Aus Symmetriegründen genügt es, die Skalarprodukte $\langle \phi_0, \phi_k \rangle$ zu betrachten. Man berechnet nacheinander

$$\langle \phi_0, \phi_k \rangle = \langle \widehat{\phi}_0, \widehat{\phi}_k \rangle = \int \widehat{\phi}(\xi) \overline{e^{-ik\xi} \widehat{\phi}(\xi)}\, d\xi = \int |\widehat{\phi}(\xi)|^2 e^{ik\xi}\, d\xi$$

$$= \sum_l \int_0^{2\pi} |\widehat{\phi}(\xi + 2\pi l)|^2 e^{ik\xi}\, d\xi = \int_0^{2\pi} \Phi(\xi) e^{ik\xi}\, d\xi$$

$$= 2\pi\, \widehat{\Phi}(-k)\,.$$

Die Orthonormalitätsbedingung $\langle \phi_0, \phi_k \rangle = \delta_{0k}$ ist daher äquivalent mit

$$\widehat{\Phi}(k) = \frac{1}{2\pi} \delta_{0k} \qquad \forall k \in \mathbb{Z}\,,$$

und das heißt natürlich $\Phi(\xi) \equiv \frac{1}{2\pi}$ fast überall. ⌐

Als nächstes nehmen wir uns die Skalierungsgleichung

$$\phi(t) \equiv \sqrt{2} \sum_k h_k\, \phi(2t - k) \qquad (\text{fast alle } t \in \mathbb{R}) \tag{2}$$

vor. Unterwerfen wir (2) der Fourier-Transformation, so ergibt sich mit Hilfe der Regeln (R1) und (R3) die Identität

$$\widehat{\phi}(\xi) = \frac{1}{\sqrt{2}} \sum_k h_k\, e^{-ik\xi/2}\, \widehat{\phi}\!\left(\frac{\xi}{2}\right)\,.$$

5.3 Konstruktionen im Fourier-Bereich

Dies bringt uns dazu, (zunächst nur formal) die Funktion

$$H(\xi) := \frac{1}{\sqrt{2}} \sum_k h_k \, e^{-ik\xi} \tag{3}$$

einzuführen; wir nennen sie die *erzeugende Funktion* der betrachteten Multiskalen-Analyse. Wegen $\|h_.\| = 1$ ist die angeschriebene Reihe nach Satz **(2.4)** fast überall konvergent und definiert H als eine tatsächliche 2π-periodische Funktion. Sind nur endlich viele $h_k \neq 0$, so ist H ein trigonometrisches Polynom. Die Skalierungsgleichung erhält damit die Gestalt

$$\widehat{\phi}(\xi) = H\!\left(\frac{\xi}{2}\right) \widehat{\phi}\!\left(\frac{\xi}{2}\right) . \tag{4}$$

In Worten: An die Stelle einer Art „Faltungsgleichung" ist eine Funktionalgleichung getreten, in der nur eine ganz gewöhnliche Multiplikation von Funktionswerten erscheint.

Ist ϕ eine Skalierungsfunktion, so gelten (2) und (4) gleichzeitig, und wir können folgende Kette von Gleichungen aufstellen:

$$\frac{1}{2\pi} \equiv \sum_l |\widehat{\phi}(\xi + 4\pi l)|^2 + \sum_l |\widehat{\phi}(\xi + 2\pi + 4\pi l)|^2$$

$$= \sum_l \left|H\!\left(\frac{\xi}{2}\right)\right|^2 \left|\widehat{\phi}\!\left(\frac{\xi}{2} + 2\pi l\right)\right|^2 + \sum_l \left|H\!\left(\frac{\xi}{2} + \pi\right)\right|^2 \left|\widehat{\phi}\!\left(\frac{\xi}{2} + \pi + 2\pi l\right)\right|^2$$

$$= \left(\left|H\!\left(\frac{\xi}{2}\right)\right|^2 + \left|H\!\left(\frac{\xi}{2} + \pi\right)\right|^2\right) \cdot \frac{1}{2\pi} .$$

Da hier $\xi \in \mathbb{R}$ beliebig war, ergibt sich damit die Fourier-Version der Konsistenzbedingungen **(5.4)**:

(5.10) *Die erzeugende Funktion H einer Multiskalen-Analyse genügt der Identität*

$$|H(\omega)|^2 + |H(\omega + \pi)|^2 \equiv 1 \qquad (\text{fast alle } \omega \in \mathbb{R}) .$$

Hieraus folgt natürlich, daß H auf $\mathbb{R}$ gleichmäßig beschränkt ist:

$$|H(\omega)| \leq 1 \qquad (\omega \in \mathbb{R}) . \tag{5}$$

Als nächstes müssen wir nun möglichst explizit den Raum W_0, das orthogonale Komplement von V_0 in dem umfassenderen Raum V_{-1}, beschreiben. Das wird uns dann ermöglichen, ein Mutter-Wavelet ψ anzugeben.

Wir beginnen mit V_{-1}. Jedes $f \in V_{-1}$ besitzt eine Darstellung der Form

$$f = \sum_k f_k \phi_{-1,k} , \qquad f_k = \langle f, \phi_{-1,k} \rangle \quad (k \in \mathbb{Z}) ,$$

und hieraus folgt durch Fourier-Transformation (wie oben für das ϕ selber)

$$\widehat{f}(\xi) = \frac{1}{\sqrt{2}} \sum_k f_k\, e^{-ik\xi/2}\, \widehat{\phi}\Big(\frac{\xi}{2}\Big)\,. \tag{6}$$

Wir führen daher (analog zu H) die Funktion

$$m_f(\xi) := \frac{1}{\sqrt{2}} \sum_k f_k\, e^{-ik\xi} \tag{7}$$

ein und können dann (6) in der Form

$$\widehat{f}(\xi) = m_f\Big(\frac{\xi}{2}\Big)\, \widehat{\phi}\Big(\frac{\xi}{2}\Big) \tag{8}$$

schreiben. Die Reihe (7) ist konvergent für fast alle $\xi \in \mathbb{R}/2\pi$; folglich gilt die Darstellung (8) für fast alle $\xi \in \mathbb{R}$. — Diese Schlußkette läßt sich umkehren: Gilt (8) für ein $m_f \in L_\circ^2$, so ist $f \in V_{-1}$.

Ein $f \in W_0 \subset V_{-1}$ steht senkrecht auf V_0, folglich ist $\langle f, \phi_{0,k}\rangle = 0$ für alle $k \in \mathbb{Z}$. Wir haben daher

$$\int \widehat{f}(\xi)\, \overline{\widehat{\phi}(\xi)}\, e^{ik\xi}\, d\xi = \int_0^{2\pi} \Big(\sum_l \widehat{f}(\xi + 2\pi l)\, \overline{\widehat{\phi}(\xi + 2\pi l)} \Big) e^{ik\xi}\, d\xi = 0 \qquad \forall k \in \mathbb{Z},$$

und das ist nur möglich, wenn die periodische Funktion

$$\sum_l \widehat{f}(\xi + 2\pi l)\, \overline{\widehat{\phi}(\xi + 2\pi l)}$$

für fast alle $\xi \in \mathbb{R}/2\pi$ verschwindet. Wir nehmen hier wieder die zu geraden bzw. zu ungeraden l gehörenden Teilsummen auseinander und drücken anschließend $\widehat{f}$ mit Hilfe von (8), analog $\widehat{\phi}$ mit Hilfe von (4) aus. Sowohl m_f wie H sind 2π-periodisch; folglich ergibt sich mit nochmaliger Benützung von **(5.9)**:

$$0 \equiv \sum_l \widehat{f}(\xi + 4\pi l)\, \overline{\widehat{\phi}(\xi + 4\pi l)} + \sum_l \widehat{f}(\xi + 2\pi + 4\pi l)\, \overline{\widehat{\phi}(\xi + 2\pi + 4\pi l)}$$

$$= \sum_l m_f\Big(\frac{\xi}{2}\Big) \overline{H\Big(\frac{\xi}{2}\Big)} \Big|\widehat{\phi}\Big(\frac{\xi}{2} + 2\pi l\Big)\Big|^2$$

$$\quad + \sum_l m_f\Big(\frac{\xi}{2} + \pi\Big) \overline{H\Big(\frac{\xi}{2} + \pi\Big)} \Big|\widehat{\phi}\Big(\frac{\xi}{2} + \pi + 2\pi l\Big)\Big|^2$$

$$= \Big(m_f\Big(\frac{\xi}{2}\Big) \overline{H\Big(\frac{\xi}{2}\Big)} + m_f\Big(\frac{\xi}{2} + \pi\Big) \overline{H\Big(\frac{\xi}{2} + \pi\Big)} \Big) \cdot \frac{1}{2\pi}\,.$$

5.3 Konstruktionen im Fourier-Bereich

Hiernach ist
$$m_f(\omega)\overline{H(\omega)} + m_f(\omega+\pi)\overline{H(\omega+\pi)} = 0 \qquad \text{(fast alle } \omega \in \mathbb{R}\text{)} . \tag{9}$$

Die Formeln (5.10) und (9) lassen sich zusammengenommen folgendermaßen interpretieren: Für (fast) jedes feste ω ist
$$\mathbf{H} := \bigl(H(\omega), H(\omega+\pi)\bigr)$$
ein Einheitsvektor im unitären Raum $\mathbb{C}^2$, und der Vektor
$$\mathbf{m}_f := \bigl(m_f(\omega), m_f(\omega+\pi)\bigr)$$
steht senkrecht auf $\mathbf{H}$.

Nun bildet der Vektor
$$\mathbf{H}' := \bigl(\overline{H(\omega+\pi)}, -\overline{H(\omega)}\bigr)$$
zusammen mit $\mathbf{H}$ eine orthonormierte Basis von $\mathbb{C}^2$. Nach allgemeinen Prinzipien gilt dann
$$\mathbf{m}_f = \lambda(\omega)\,\mathbf{H}' \tag{10}$$
mit
$$\lambda(\omega) = \langle \mathbf{m}_f, \mathbf{H}'\rangle = m_f(\omega)H(\omega+\pi) - m_f(\omega+\pi)H(\omega) .$$
Die Funktion $\omega \mapsto \lambda(\omega)$ genügt der Identität $\lambda(\omega+\pi) \equiv -\lambda(\omega)$; es gibt daher eine 2π-periodische Funktion $\nu(\cdot)$ mit
$$\lambda(\omega) = e^{i\omega}\nu(2\omega) . \tag{11}$$

Tragen wir dies in (10) ein, so erhalten wir durch Auszug der ersten Koordinate:
$$m_f(\omega) = e^{i\omega}\nu(2\omega)\overline{H(\omega+\pi)} .$$
Diese Darstellung von m_f in (8) eingebracht liefert schließlich für $\widehat{f}$ den Ausdruck
$$\widehat{f}(\xi) = e^{i\xi/2}\nu(\xi)\overline{H\!\left(\tfrac{\xi}{2}+\pi\right)}\widehat{\phi}\!\left(\tfrac{\xi}{2}\right) \qquad \text{(fast alle } \xi \in \mathbb{R}\text{)} . \tag{12}$$

Damit können wir den folgenden Satz formulieren:

(5.11) *Eine Funktion $f \in L^2$ gehört genau dann zu W_0, wenn es ein $\nu(\cdot) \in L^2_\circ$ gibt, so daß sich $\widehat{f}$ in der Form (12) darstellen läßt.*

⌐ Wir haben schon gezeigt, daß $f \in W_0$ die Existenz einer 2π-periodischen Funktion $\nu\colon \mathbb{R} \to \mathbb{C}$ nach sich zieht, so daß (12) gilt. Der Identität (11) entnehmen wir explizit $\nu(\xi) = e^{-i\xi/2}\lambda(\xi/2)$; somit ergibt sich mit (10):
$$|\nu(\xi)|^2 = \left|\lambda\!\left(\tfrac{\xi}{2}\right)\right|^2 = \left|\mathbf{m}_f\!\left(\tfrac{\xi}{2}\right)\right|^2 = \left|m_f\!\left(\tfrac{\xi}{2}\right)\right|^2 + \left|m_f\!\left(\tfrac{\xi}{2}+\pi\right)\right|^2 .$$

Hieraus folgt

$$\|\nu\|^2 := \frac{1}{2\pi} \int_0^{2\pi} |\nu(\xi)|^2 \, d\xi = \frac{1}{\pi} \int_0^{\pi} \left(|m_f(\omega)|^2 + |m_f(\omega + \pi)|^2 \right) d\omega = 2\|m_f\|^2$$
$$= \sum_k |f_k|^2 = \|f\|^2 < \infty \, .$$

Umgekehrt: Gilt (12) mit einem $\nu(\cdot) \in L_o^2$, so haben wir (8) mit

$$m_f\left(\frac{\xi}{2}\right) = e^{i\xi/2} \, \nu(\xi) \, \overline{H\left(\frac{\xi}{2} + \pi\right)} \, .$$

Wegen (5) folgt hieraus $m_f \in L_o^2$ und damit weiter $f \in V_{-1}$. Außerdem ergibt sich

$$\mathbf{m}_f := \left(m_f(\omega), m_f(\omega + \pi) \right) = e^{i\omega} \nu(2\omega) \left(\overline{H(\omega + \pi)}, -\overline{H(\omega)} \right) = e^{i\omega} \nu(2\omega) \, \mathbf{H}' \, ;$$

somit steht $\mathbf{m}_f$ für fast alle ω auf $\mathbf{H}$ senkrecht. Hiernach gilt (9) für fast alle ω, und dies ist für ein $f \in V_{-1}$ mit $f \perp V_0$ äquivalent. ⌐

Für das gesuchte Mutter-Wavelet ψ machen wir nun den von (12) inspirierten Ansatz

$$\widehat{\psi}(\xi) := e^{i\xi/2} \, \overline{H\left(\frac{\xi}{2} + \pi\right)} \, \widehat{\phi}\left(\frac{\xi}{2}\right) \tag{13}$$

und haben damit Erfolg:

(5.12) *Wird das Mutter-Wavelet ψ definiert durch (13), so bilden die Funktionen $(\psi_{0,k} \,|\, k \in \mathbb{Z})$ eine orthonormierte Basis von W_0.*

⌐ Um die Orthonormalität der $\psi_{0,k}$ zu beweisen, müssen wir nach **(5.9)** die folgende Rechnung durchführen:

$$\sum_l |\widehat{\psi}(\xi + 2\pi l)|^2 = \sum_l |\widehat{\psi}(\xi + 4\pi l)|^2 + \sum_l |\widehat{\psi}(\xi + 2\pi + 4\pi l)|^2$$
$$= \left|H\left(\frac{\xi}{2} + \pi\right)\right|^2 \sum_l \left|\widehat{\phi}\left(\frac{\xi}{2} + 2\pi l\right)\right|^2 + \left|H\left(\frac{\xi}{2}\right)\right|^2 \sum_l \left|\widehat{\phi}\left(\frac{\xi}{2} + \pi + 2\pi l\right)\right|^2$$
$$= \left(\left|H\left(\frac{\xi}{2} + \pi\right)\right|^2 + \left|H\left(\frac{\xi}{2}\right)\right|^2 \right) \frac{1}{2\pi} \equiv \frac{1}{2\pi} \, .$$

Wegen $1 \in L_o^2$ folgt mit **(5.11)**, daß ψ in W_0 liegt, und damit gehören auch die ganzzahligen Translatierten $\psi_{0,k}$ zu W_0. — Betrachte anderseits ein beliebiges $f \in W_0$. Nach Satz **(5.11)** bzw. (12) und (13) gibt es ein $\nu(\cdot) \in L_o^2$ mit

$$\widehat{f}(\xi) = \nu(\xi) \, \widehat{\psi}(\xi) \qquad \text{(fast alle } \xi \in \mathbb{R}) \, . \tag{14}$$

5.3 Konstruktionen im Fourier-Bereich

Die Funktion $\nu(\cdot)$ besitzt eine formale Fourier-Reihe $\sum_k \nu_k e^{-ik\xi}$ mit $\sum_k |\nu_k|^2 = \|\nu\|^2 < \infty$. Nach Satz (2.4) können wir daher (14) ersetzen durch

$$\widehat{f}(\xi) = \sum_k \nu_k e^{-ik\xi} \widehat{\psi}(\xi) \qquad \text{(fast alle } \xi \in \mathbb{R}),$$

und dies ist die Fourier-Transformierte der Darstellung

$$f(t) = \sum_k \nu_k \psi(t-k) \qquad \text{bzw.} \qquad f = \sum_k \nu_k \psi_{0,k},$$

wobei die zuletzt angeschriebene Reihe in L^2 konvergiert. Damit ist gezeigt, daß die $\psi_{0,k}$ in der Tat eine Basis von W_0 konstituieren. ⌐

Der Ansatz (13) für ψ ist nicht ganz zwingend; so kann man zum Beispiel Faktoren $e^{i\alpha} e^{-iN\xi}$ mit $\alpha \in \mathbb{R}$, $N \in \mathbb{Z}$ zugeben. Ein zusätzlicher Faktor $e^{-iN\xi}$ in $\widehat{\psi}$ bewirkt eine Verschiebung des Trägers von ψ um N Einheiten nach rechts; gegebenenfalls läßt sich dadurch erreichen, daß ϕ und ψ denselben Träger haben.

Mit (13) haben wir erst die Fourier-Transformierte des Wavelets ψ. Um an das ψ selber heranzukommen, müssen wir (13) in den Zeitbereich zurückübersetzen. Mit (3) ergibt sich

$$e^{i\xi/2} \overline{H\left(\frac{\xi}{2}+\pi\right)} = \frac{1}{\sqrt{2}} \sum_k \overline{h_k} e^{ik\left(\frac{\xi}{2}+\pi\right)} e^{i\xi/2} = \frac{1}{\sqrt{2}} \sum_k (-1)^k \overline{h_k} e^{i(k+1)\xi/2}$$
$$= \frac{1}{\sqrt{2}} \sum_k (-1)^{k'-1} \overline{h_{-k'-1}} e^{-ik'\xi/2},$$

wobei wir zuletzt die Substitution $k := -k'-1$ ($k' \in \mathbb{Z}$) vorgenommen haben. Wir können daher (13) ersetzen durch

$$\widehat{\psi}(\xi) = \frac{1}{\sqrt{2}} \sum_k (-1)^{k-1} \overline{h_{-k-1}} e^{-ik\xi/2} \widehat{\phi}\left(\frac{\xi}{2}\right). \tag{15}$$

Nach den Regeln (R1) und (R3) ist dies die Fourier-Transformierte der Darstellung

$$\psi(t) = \sqrt{2} \sum_k (-1)^{k-1} \overline{h_{-k-1}} \, \phi(2t-k). \tag{16}$$

Setzen wir zur Vereinheitlichung der Formeln

$$(-1)^{k-1} \overline{h_{-k-1}} =: g_k, \tag{17}$$

so geht (16) über in
$$\psi(t) = \sqrt{2}\sum_k g_k\,\phi(2t-k)\,, \tag{18}$$
im formalen Einklang mit der Skalierungsgleichung 5.2.(2). Eine andere zuläßige Definition der g_k wäre
$$g_k := (-1)^k \overline{h_{2N-1-k}}\,. \tag{19}$$
Sind zum Beispiel nur die h_k mit $0 \le k \le 2N-1$ von 0 verschieden, so impliziert (19) dasselbe für die g_k, und alle Summationen in den zugehörigen Algorithmen (siehe Abschnitt 5.4) erstrecken sich über die Indexmenge $\{0, 1, \ldots, 2N-1\}$.

Wir können die bis hierher gewonnenen Resultate in dem folgenden Satz zusammenfassen:

(5.13) *Es sei* $(V_j\,|\,j \in \mathbb{Z})$ *eine Multiskalen-Analyse mit Skalierungsfunktion ϕ und erzeugender Funktion H. Wird dann das Mutter-Wavelet ψ definiert durch (13) bzw. durch (16), so ist das Funktionssystem*
$$(\psi_{j,k}\,|\,j \in \mathbb{Z},\,k \in \mathbb{Z})\,, \qquad \psi_{j,k}(t) := 2^{-j/2}\,\psi\!\left(\frac{t-k\cdot 2^j}{2^j}\right),$$
eine orthonormierte Wavelet-Basis von $L^2(\mathbb{R})$.

⌐ Betrachte ein festes $j \in \mathbb{Z}$. Da die $\psi_{0,k}$ nach **(5.12)** eine orthonormierte Basis von W_0 bilden, folgt leicht aufgrund des Prinzips 5.1.(9) und einer kleinen Rechnung, daß $(\psi_{j,k}\,|\,k \in \mathbb{Z})$ eine orthonormierte Basis von W_j ist. Mit Satz **(5.1)** ergibt sich nun die Behauptung. ⌐

① Wir nehmen uns wieder die Haar-Multiskalen-Analyse vor, vgl. Beispiel 5.2.①, und wollen nun die Konstruktion von ψ gemäß allgemeiner Theorie in diesem Fall nachvollziehen. Man rechnet leicht nach, daß $\phi := \phi_{\text{Haar}}$ die Fourier-Transformierte
$$\widehat{\phi}(\xi) = \frac{1}{\sqrt{2\pi}}\frac{\sin(\xi/2)}{\xi/2}e^{-i\xi/2} \tag{20}$$
besitzt. Setzen wir die Werte 5.2.(5) der h_k in (3) ein, so ergibt sich
$$H(\xi) = \frac{1}{\sqrt{2}}\frac{1}{\sqrt{2}}(1+e^{-i\xi}) = \cos\frac{\xi}{2}e^{-i\xi/2}\,, \tag{21}$$
und man verifiziert leicht, daß die Funktionalgleichung (4) erfüllt ist. Das Rezept (13) liefert nunmehr
$$\widehat{\psi}(\xi) := e^{i\xi/2}\cdot\cos\!\left(\frac{\xi}{4}+\frac{\pi}{2}\right)e^{i\left(\frac{\xi}{4}+\frac{\pi}{2}\right)}\cdot\frac{1}{\sqrt{2\pi}}\frac{\sin(\xi/4)}{\xi/4}e^{-i\xi/4}$$
$$= \frac{-i}{\sqrt{2\pi}}\frac{\sin^2(\xi/4)}{\xi/4}e^{i\xi/2}\,,$$

5.3 Konstruktionen im Fourier-Bereich

was bis auf einen Faktor $-e^{i\xi}$ mit 1.6.(1) übereinstimmt. Das hier erhaltene ψ ist folglich gegenüber dem offiziellen Haar-Wavelet umsigniert und um eine Einheit nach links verschoben. Das zeigt sich auch, wenn wir nun mit (17) die g_k berechnen: Man erhält

$$g_{-1} = \overline{h_0} = \frac{1}{\sqrt{2}}, \quad g_{-2} = -\overline{h_1} = -\frac{1}{\sqrt{2}},$$

und alle andern g_k sind 0. Damit wird

$$\psi = \frac{1}{\sqrt{2}} \phi_{-1,-1} - \frac{1}{\sqrt{2}} \phi_{-1,-2}$$

bzw. $\psi(t) = \phi(2t+1) - \phi(2t+2)$, wie angekündigt. Die Definition (19) der g_k (mit $N := 1$) hätte tatsächlich ψ_{Haar} geliefert, wovon sich der Leser selber überzeugen mag. ○

② Als zweites Beispiel behandeln wir das sogenannte *Meyer-Wavelet*. Wir benötigen wieder die in Bild 4.6 dargestellte Hilfsfunktion

$$\nu(x) := \begin{cases} 0 & (x \leq 0) \\ 10x^3 - 15x^4 + 6x^5 & (0 \leq x \leq 1) \\ 1 & (x \geq 1) \end{cases}$$

(dieses $\nu(\cdot)$ hat nichts mit den $\nu(\cdot)$'s in **(5.11)** zu tun). Durch den Ansatz

$$\widehat{\phi}(\xi) := \begin{cases} \dfrac{1}{\sqrt{2\pi}} & (|\xi| \leq \tfrac{2\pi}{3}) \\ \dfrac{1}{\sqrt{2\pi}} \cos\left(\tfrac{\pi}{2}\nu\left(\tfrac{3}{2\pi}|\xi| - 1\right)\right) & (\tfrac{2\pi}{3} \leq |\xi| \leq \tfrac{4\pi}{3}) \\ 0 & (|\xi| \geq \tfrac{4\pi}{3}) \end{cases}$$

(siehe Bild 5.2) wird eine Funktion ϕ definiert, von der man a priori folgendes sagen kann: Da $\widehat{\phi}$ kompakten Träger hat, ist $\phi \in C^\infty$, und wegen $\widehat{\phi} \in C^2$ genügt ϕ der Voraussetzung 5.2.(6) von Satz **(5.8)**; ferner gilt

$$\int \phi(t)\, dt = \sqrt{2\pi}\, \widehat{\phi}(0) = 1,$$

wie für $\overline{\bigcup_j V_j} = L^2$ erforderlich, siehe **(5.8)**.
Im Hinblick auf **(5.9)** müssen wir die Funktion

$$\Phi(\xi) := \sum_l |\widehat{\phi}(\xi + 2\pi l)|^2$$

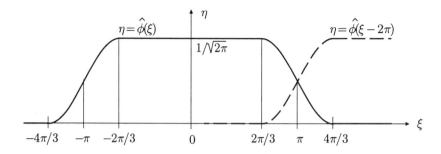

Bild 5.2

untersuchen. Ein Blick auf Bild 5.2 zeigt, daß es genügt, die Bedingung (1) im ξ-Intervall $\left[\frac{2\pi}{3}, \frac{4\pi}{3}\right]$ zu verifizieren. Hier geben nur die beiden Terme mit $l = 0$ und $l = -1$ einen Beitrag. Wegen

$$\tfrac{3}{2\pi}|\xi - 2\pi| - 1 = 1 - \left(\tfrac{3}{2\pi}\xi - 1\right) \qquad \left(\tfrac{2\pi}{3} \leq \xi \leq \tfrac{4\pi}{3}\right)$$

und

$$\nu(1 - x) \equiv 1 - \nu(x) \qquad (x \in \mathbb{R})$$

ergibt sich in der Tat

$$\Phi(\xi) = \frac{1}{2\pi} \cos^2\left(\frac{\pi}{2}\nu\left(\tfrac{3}{2\pi}\xi - 1\right)\right) + \frac{1}{2\pi} \sin^2\left(\frac{\pi}{2}\nu\left(\tfrac{3}{2\pi}\xi - 1\right)\right) \equiv \frac{1}{2\pi} \qquad \left(\tfrac{2\pi}{3} \leq \xi \leq \tfrac{4\pi}{3}\right).$$

Wir definieren nun die 2π-periodische Funktion

$$H(\xi) := \sqrt{2\pi} \sum_l \widehat{\phi}(2\xi + 4\pi l) \tag{22}$$

(dies ist für jedes feste ξ eine endliche Summe!) und behaupten, daß H und ϕ wie erforderlich durch

$$\widehat{\phi}(\xi) \equiv H\left(\frac{\xi}{2}\right) \widehat{\phi}\left(\frac{\xi}{2}\right)$$

miteinander verknüpft sind.

⌐ Die Funktion $\xi \mapsto \widehat{\phi}\left(\frac{\xi}{2}\right)$ hat als Träger das Intervall $\left[-\frac{8\pi}{3}, \frac{8\pi}{3}\right]$. Anderseits sind alle Funktionen $\widehat{\phi}(\cdot + 4\pi l)$ mit $l \neq 0$ wegen $4\pi|l| - \frac{4\pi}{3} \geq \frac{8\pi}{3}$ auf diesem Intervall identisch 0. Damit ist bereits

$$H\left(\frac{\xi}{2}\right) \widehat{\phi}\left(\frac{\xi}{2}\right) = \sqrt{2\pi} \sum_l \widehat{\phi}(\xi + 4\pi l) \phi\left(\frac{\xi}{2}\right) = \sqrt{2\pi}\, \widehat{\phi}(\xi)\, \phi\left(\frac{\xi}{2}\right). \tag{23}$$

Auf dem Träger $\left[-\frac{4\pi}{3}, \frac{4\pi}{3}\right]$ von $\widehat{\phi}$ ist aber $\widehat{\phi}\left(\frac{\xi}{2}\right) \equiv \frac{1}{\sqrt{2\pi}}$; die rechte Seite von (23) hat somit für alle ξ den behaupteten Wert $\phi(\xi)$. ⌐

Hiernach genügt ϕ auch einer Skalierungsgleichung, und alle für eine Multiskalen-Analyse erforderlichen Sachverhalte sind etabliert. Mit (13) ergibt sich folgender Ausdruck für ein zugehöriges Mutter-Wavelet:

5.3 Konstruktionen im Fourier-Bereich

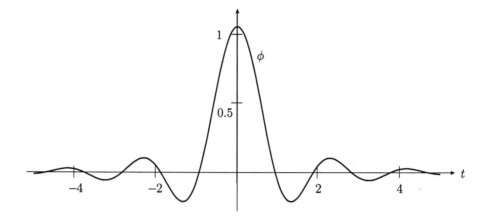

Bild 5.3 Die zum Meyer-Wavelet gehörige Skalierungsfunktion

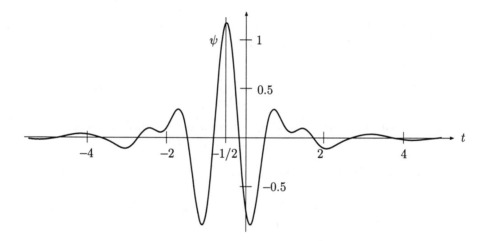

Bild 5.4 Das Meyer-Wavelet

$$\widehat{\psi}(\xi) = e^{i\xi/2} \overline{H\left(\frac{\xi}{2} + \pi\right)} \widehat{\phi}\left(\frac{\xi}{2}\right) = \sqrt{2\pi}\, e^{i\xi/2} \sum_l \widehat{\phi}(\xi + 2\pi + 4\pi l)\, \widehat{\phi}\left(\frac{\xi}{2}\right)$$

$$= \sqrt{2\pi}\, e^{i\xi/2} \left(\widehat{\phi}(\xi + 2\pi) + \widehat{\phi}(\xi - 2\pi)\right) \widehat{\phi}\left(\frac{\xi}{2}\right) .$$

Man rechnet leicht nach, daß dies bis auf den „Phasenfaktor" $e^{i\xi/2}$ gerade das Daubechies-Grossmann-Meyer-Wavelet 4.3.(11) zu den Werten $\sigma := 2$, $\beta := 1$ ist. Damals bildeten die $\psi_{j,k}$ nur ein Frame; dank des von der Theorie gelieferten Zusatzfaktors $e^{i\xi/2}$ haben wir nun sogar eine orthonormierte Wavelet-Basis.

Die Bilder 5.3–4 zeigen die Skalierungsfunktion ϕ sowie das Meyer-Wavelet ψ im Zeitbereich. ◯

Wir haben zu Beginn von Abschnitt 5.2 festgehalten, daß an die Skalierungsfunktion ϕ dreierlei Anforderungen gestellt werden: Erstens müssen die $\phi_{0,k}$ ein Orthonormalsystem bilden; zweitens gibt es die weitere Normierungsbedingung 5.2.(1), und drittens natürlich muß ϕ einer Skalierungsgleichung genügen. Wir wollen zum Schluß dieses Abschnitts zeigen, wie sich aus einem ϕ, das nur die zweite und die dritte Bedingung erfüllt, ein $\phi^{\#}$ zur gleichen Ausschöpfung $(V_j \,|\, j \in \mathbb{Z})$ von L^2 gewinnen läßt, dessen ganzzahlige Translatierte $\phi_{0,k}^{\#}$ tatsächlich orthonormiert sind.

(5.14) *Die Funktion $\phi \in L^1 \cap L^2$ genüge einer Skalierungsgleichung sowie der Bedingung $\int \phi(t)\,dt \neq 0$, und es seien die Räume $V_j \subset L^2$ definiert durch 5.1.(5)–(6). Gibt es Konstanten $B \geq A > 0$ mit*

$$A \leq \Phi(\xi) := \sum_l |\widehat{\phi}(\xi + 2\pi l)|^2 \leq B \qquad \text{(fast alle } \xi \in \mathbb{R}\text{)},$$

so trifft folgendes zu:

(a) *Die Funktionenfamilie $\bigl(\phi(\,\cdot\, - k) \,|\, k \in \mathbb{Z}\bigr)$ ist eine Riesz-Basis von V_0, insbesondere ein Frame mit Frame-Konstanten $2\pi A$ und $2\pi B$.*

(b) *Setzt man*

$$\widehat{\phi^{\#}}(\xi) := \frac{\widehat{\phi}(\xi)}{\sqrt{2\pi \Phi(\xi)}},$$

so definiert $\phi^{\#}$ eine Multiskalen-Analyse mit denselben V_j. Insbesondere bilden die Funktionen $\bigl(\phi^{\#}(\,\cdot\, - k) \,|\, k \in \mathbb{Z}\bigr)$ eine orthonormierte Basis von V_0.

⌐ (a) Wir müssen zeigen, daß für beliebiges

$$f := \sum_k c_k \phi(\,\cdot\, - k) \in V_0$$

die folgenden Ungleichungen zutreffen:

$$2\pi A \sum_k |c_k|^2 \leq \|f\|^2 \leq 2\pi B \sum_k |c_k|^2.$$

Die Fourier-Transformierte von f ist gegeben durch

$$\widehat{f} = \Bigl(\sum_k c_k e^{-ik\xi}\Bigr) \widehat{\phi}(\xi);$$

somit gilt

$$\|f\|^2 = \int_0^{2\pi} \Bigl|\sum_k c_k e^{-ik\xi}\Bigr|^2 \sum_l |\widehat{\phi}(\xi + 2\pi l)|^2 \, d\xi$$

$$\leq B \int \Bigl|\sum_k c_k e^{-ik\xi}\Bigr|^2 d\xi = 2\pi B \sum_k |c_k|^2.$$

5.3 Konstruktionen im Fourier-Bereich

Analog schließt man bezüglich A, und mit **(4.6)** folgt, daß die $\phi(\cdot - k)$ erst recht ein Frame bilden.

(b) Wegen $\phi \in L^1$ ist $\hat{\phi}$ stetig; damit sind nacheinander auch

$$\sqrt{2\pi\Phi}, \quad \frac{1}{\sqrt{2\pi\Phi}}, \quad \widehat{\phi^\#}$$

stetig. Die beiden Funktionen $\sqrt{2\pi\Phi}$ und $1/\sqrt{2\pi\Phi}$ liegen in $L_\circ^2$. Bezeichnen wir die Fourier-Koeffizienten von $1/\sqrt{2\pi\Phi}$ mit a_k, so gilt

$$\frac{1}{\sqrt{2\pi\Phi(\xi)}} = \sum_k a_k e^{-ik\xi} \qquad \text{(fast alle } \xi \in \mathbb{R}\text{)}$$

und folglich

$$\widehat{\phi^\#}(\xi) = \sum_k a_k e^{-ik\xi}\, \hat{\phi}(\xi) \qquad \text{(fast alle } \xi \in \mathbb{R}\text{)} .$$

Hieraus schließt man auf

$$\phi^\# = \sum_k a_k\, \phi(\cdot - k) \in V_0$$

und damit weiter auf $V_0^\# \subset V_0$. Analog beweist man mit Hilfe der Fourier-Entwicklung von $\sqrt{2\pi\Phi}$ die Inklusion $V_0 \subset V_0^\#$. In der Folge stimmen alle $V_j^\#$ mit den entsprechenden V_j überein.

Daß die $\phi^\#(\cdot - k)$ orthonormiert sind, ergibt sich nun unmittelbar aus **(5.9)**.

Wir sind aber noch nicht ganz fertig. Es fehlt noch der Nachweis, daß $\phi^\#$ die Normierungsbedingung 5.1.(1) erfüllt, bzw. daß die V_j von Anfang an dem Separations- und dem Vollständigkeitsaxiom genügten.

Wegen $V_0 \subset V_{-1}$ genügt auch $\phi^\#$ einer Skalierungsgleichung und folglich einer Identität der Form (4):

$$\widehat{\phi^\#}(\xi) = H^\#\left(\frac{\xi}{2}\right)\widehat{\phi^\#}\left(\frac{\xi}{2}\right) . \tag{24}$$

Nach Voraussetzung über ϕ ist $\hat{\phi}(0) \neq 0$ und damit auch $\widehat{\phi^\#}(0) \neq 0$; aus (24) folgt daher $H^\#(0) = 1$ und ferner, daß $H^\#$ in der Umgebung von 0 stetig ist. Da $H^\#$ der Identität **(5.10)** genügt, ist dann $H^\#(\pi) = 0$. Wir behaupten, es gilt

$$\widehat{\phi^\#}(2\pi l) = 0 \qquad \forall l \in \mathbb{Z} \setminus \{0\} .$$

⌐ Zu jedem $l \neq 0$ gibt es ein $r \in \mathbb{N}$ und ein $n \in \mathbb{Z}$ mit $l = 2^r(2n+1)$. Wird (24) rekursiv r mal angewandt, so ergibt sich

$$\widehat{\phi}^{\#}(2\pi l) = \prod_{j=1}^{r-1} H^{\#}\bigl(2^{r-j}(2n+1)\pi\bigr) \cdot H^{\#}\bigl((2n+1)\pi\bigr)\,\widehat{\phi}^{\#}\bigl((2n+1)\pi\bigr) = 0 ,$$

da $H^{\#}$ in den ungeraden Vielfachen von π verschwindet. ⌐

Damit haben wir
$$|\widehat{\phi}^{\#}(0)|^2 = \Phi^{\#}(0) = \frac{1}{2\pi} ,$$
wie gemäß 5.1.(1) erforderlich. ⌐

5.4 Algorithmen

Wir unterbrechen hier das Studium der theoretischen Grundlagen, um endlich die mehrfach angekündigten „schnellen Algorithmen" darzustellen, die sich im Rahmen der Multiskalen-Analyse fast von selbst ergeben. Im Gegensatz dazu brauchte es Jahrhunderte von der Einführung der Fourier-Analyse (durch Euler) bis zur Entdeckung der FFT.

Der Leser hat sich vielleicht über die vielen Faktoren $\sqrt{2}$ und $\frac{1}{\sqrt{2}}$ in den vorangehenden Abschnitten gewundert und gedacht, daß man sie durch sorgfältigere Wahl der Bezeichnungen hätte vermeiden können. Aber die getroffenen Vereinbarungen hatten ihren Sinn: Es war alles darauf angelegt, daß derartige Faktoren dort, wo es wirklich darauf ankommt, nämlich beim repetitiven numerischen Rechnen, nicht mehr vorkommen.

Der Motor hinter den schnellen Wavelet-Algorithmen ist die Skalierungsgleichung

$$\phi(t) = \sqrt{2}\sum_{k} h_k\,\phi(2t - k) , \qquad (1)$$

gepaart mit der analogen Gleichung für ψ, die wir nach 5.3.(18) in der Form

$$\psi(t) = \sqrt{2}\sum_{k} g_k\,\phi(2t - k) \qquad (2)$$

5.4 Algorithmen

schreiben können; dabei ergeben sich die g_k gemäß 5.3.(17) oder 5.3.(19) aus den h_k. Aus (1) folgt für beliebige $j \in \mathbb{Z}$, $n \in \mathbb{Z}$ die Identität

$$2^{-j/2}\phi\Big(\frac{t}{2^j} - n\Big) = 2^{-(j-1)/2} \sum_k h_k\, \phi\Big(\frac{t}{2^{j-1}} - 2n - k\Big),$$

was wir als

$$\phi_{j,n} = \sum_k h_k\, \phi_{j-1, 2n+k} \qquad \forall j,\ \forall n, \qquad (3)$$

das heißt: als Rekursionsformel für $\phi_{j-1,\cdot} \rightsquigarrow \phi_{j,\cdot}$ interpretieren können. Analog ergibt sich aus (2) die Formel

$$\psi_{j,n} = \sum_k g_k\, \phi_{j-1, 2n+k} \qquad \forall j,\ \forall n, \qquad (4)$$

die von $\phi_{j-1,\cdot}$ zu $\psi_{j,\cdot}$ führt.

Wir wollen nun ein $f \in L^2$ analysieren und nachher wieder synthetisieren. Dabei wird es eine feinste in Betracht gezogene Skala geben; wir dürfen annehmen, sie gehöre zum Wert $j = 0$. Die Analyse beginnt also mit den Daten

$$a_{0,k} := \langle f, \phi_{0,k}\rangle := \int f(t)\,\overline{\phi(t-k)}\,dt\ .$$

Diese Werte können zum Beispiel durch numerische Integration ermittelt werden. Eventuell liegt f ohnehin nur als diskreter Datensatz $\big(f(k)\,|\,k \in \mathbb{Z}\big)$ vor, und man setzt kurzer Hand

$$a_{0,k} := f(k) \qquad (k \in \mathbb{Z})\,,$$

was wegen $\int \phi(t)\,dt = 1$ nicht ganz abwegig ist — besonders dann nicht, wenn ϕ einen schmalen Träger hat und aufeinanderfolgende Werte $f(k)$ wenig voneinander verschieden sind. Jedenfalls gehen wir aus von der Annahme

$$P_0 f = \sum_k a_{0,k}\, \phi_{0,k}\ .$$

Die Wavelet-Analyse schreitet nun in Richtung wachsender j, und das heißt: immer längerer Wellen, voran. Wir beschreiben gleich den Schritt $j-1 \rightsquigarrow j$. Es sei also $j \geq 1$, und es gelte

$$P_{j-1} f = \sum_k a_{j-1,k}\, \phi_{j-1,k}, \qquad a_{j-1,k} = \langle f, \phi_{j-1,k}\rangle \qquad (5)$$

mit vorhandenen Werten $a_{j-1,k}$. Anschaulich gesprochen gibt $P_{j-1}f$ alle Merkmale von f wieder, die wenigstens die Ausdehnung 2^{j-1} auf der Zeitachse haben; siehe die ausführlichen Erläuterungen in Abschnitt 5.1. Als nächstes sollen nun die $a_{j,n}$ ($n \in \mathbb{Z}$) berechnet werden. Mit (3) ergibt sich

$$a_{j,n} := \langle f, \phi_{j,n} \rangle = \sum_k \overline{h_k} \langle f, \phi_{j-1, 2n+k} \rangle \,,$$

so daß wir folgende Rekursionsformel für $a_{j-1,\cdot} \rightsquigarrow a_{j,\cdot}$ notieren können:

$$\boxed{a_{j,n} = \sum_k \overline{h_k}\, a_{j-1, 2n+k}}$$

Mit

$$P_j f = \sum_k a_{j,k}\, \phi_{j,k}$$

haben wir dann die nächstgröbere Approximation von f. Nun ist ja

$$P_{j-1} f = P_j f + Q_j f \,;$$

dabei bezeichnet Q_j die Orthogonalprojektion auf W_j. Das Bild $Q_j f$ enthält alle Details von f mit einer zeitlichen Ausdehnung um $2^j/\sqrt{2}$ herum. Da $(\psi_{j,k} \,|\, k \in \mathbb{Z})$ eine orthonormierte Basis von W_j ist, gilt

$$Q_j f = \sum_k d_{j,k}\, \psi_{j,k}$$

mit

$$d_{j,n} = \langle f, \psi_{j,n} \rangle = \sum_k \overline{g_k} \langle f, \phi_{j-1, 2n+k} \rangle \,;$$

dabei haben wir natürlich (4) benützt. Wegen (5) hat sich damit folgende Formel für den Schrägschritt von $a_{j-1,\cdot}$ zu $d_{j,\cdot}$ ergeben:

$$\boxed{d_{j,n} = \sum_k \overline{g_k}\, a_{j-1, 2n+k}}$$

Die beim Übergang von $P_{j-1}f$ zu $P_j f$ extrahierte Information über das Zeitsignal f ist jetzt in dem Datenvektor $d_{j,\cdot}$ abgelegt.

Im ganzen erhalten wir die folgende Kaskade, bei der f in jedem Schritt aufs Doppelte vergröbert wird und Details der Größe $\sim 2^j/\sqrt{2}$ extrahiert werden:

$$a_{0,\cdot} \xrightarrow{\overline{h}} a_{1,\cdot} \xrightarrow{\overline{h}} a_{2,\cdot} \xrightarrow{\overline{h}} a_{3,\cdot} \xrightarrow{\overline{h}} \cdots \xrightarrow{\overline{h}} a_{J,\cdot}$$
$$\searrow \overline{g} \quad \searrow \overline{g} \quad \searrow \overline{g} \quad \searrow \overline{g} \quad \quad \searrow \overline{g} \quad \quad (6)$$
$$d_{1,\cdot} \quad\quad d_{2,\cdot} \quad\quad d_{3,\cdot} \quad\quad \cdots \quad\quad d_{J,\cdot}$$

5.4 Algorithmen

Wieviele Rechenoperationen erfordert diese Analyse? Um Ideen zu fixieren, nehmen wir von vorneherein an, daß die Skalierungsfunktion ϕ kompakten Träger hat. Nach (**5.7**) sind dann $a(\phi)$ und $b(\phi)$ ganze Zahlen; es sei etwa

$$a(\phi) = 0, \quad b(\phi) = 2N - 1, \quad N \geq 1.$$

Nach (**5.7**) sind dann nur die h_k mit $0 \leq k \leq 2N - 1$ von 0 verschieden, und mit der Vereinbarung 5.3.(19) trifft das auch für die g_k zu.

Für einen ein beliebigen Datenvektor $x.$ über der Indexmenge $\mathbb{Z}$ drücken wir mit den Schreibweisen

$$\operatorname{supp}(x.) \subset [p, q[, \quad \operatorname{length}(x.) \leq q - p,$$

aus, daß höchstens die x_k mit $p \leq k < q$ von 0 verschieden sind und daß insgesamt höchstens $q-p$ Einzeldaten überhaupt in Betracht gezogen werden; p und q brauchen dabei nicht ganzzahlig zu sein.

Über die Funktion f ist nur die in dem Datenvektor $a_{0,\cdot}$ abgelegte Information vorhanden. Wir gehen zum Beispiel aus von

$$\operatorname{supp}(a_{0,\cdot}) \subset [0, 2^J[, \quad \operatorname{length}(a_{0,\cdot}) = 2^J$$

und behaupten, daß sich die Träger der $a_{j,\cdot}$ folgendermaßen eingabeln lassen:

$$\operatorname{supp}(a_{j,\cdot}) \subset [-2N+2, 2^{J-j}[\quad (j \geq 0). \tag{7}$$

⌈ Die Behauptung trifft zu für $j := 0$. Für den Schritt $j-1 \rightsquigarrow j$ nehmen wir an, es sei $j \geq 1$ und

$$\operatorname{supp}(a_{j-1,\cdot}) \subset [-2N+2, q[, \quad q := 2^{J-(j-1)}.$$

Wegen

$$a_{j,n} = \sum_{k=0}^{2N-1} \overline{h_k}\, a_{j-1, 2n+k}$$

kann $a_{j,n}$ höchstens dann $\neq 0$ sein, wenn sich die beiden Mengen

$$\{2n, 2n+1, \ldots, 2n+2N-1\} \quad \text{und} \quad [-2N+2, q[$$

schneiden, und hierfür ist notwendig und hinreichend, daß

$$2n < q \quad \wedge \quad 2n + 2N - 1 \geq -2N + 2$$

gilt. Die erste Ungleichung besagt $n < \frac{q}{2} = 2^{J-j}$, die zweite $n \geq -2N + \frac{3}{2}$, und hieraus schließt man, daß (7) wie angeschrieben zutrifft. ⌋

Die Formel (7) legt nahe, den Prozeß nach J Schritten abzubrechen, da $\text{supp}(a_{j,\cdot})$ von da an bei $[-2N+2,\,0]$ stagniert. Wieviel Multiplikationen sind bis dahin insgesamt ausgeführt worden? (Die Additionen lassen wir der Einfachheit halber außer acht.)

Die Berechnung eines Werts $a_{j,n}$ erfordert höchstens $\text{length}(h_\cdot) = 2N$ Multiplikationen. Aus (7) folgt anderseits

$$\text{length}(a_{j,\cdot}) \leq 2^{J-j} + 2N - 2 \qquad (j \geq 0)\,,$$

und dieselbe Schranke gilt offensichtlich für $\text{length}(d_{j,\cdot})$. Damit erhalten wir für die Anzahl μ der insgesamt erforderlichen Multiplikationen die folgende obere Schranke:

$$\mu \leq 2 \cdot 2N \cdot \sum_{j=1}^{J} \bigl(2^{J-j} + 2N - 2\bigr) = 4N\bigl(2^J - 1 + J(2N-2)\bigr)\,.$$

Hiernach ist
$$\mu \leq 2\,\text{length}(h_\cdot)\,\text{length}(a_{0,\cdot})\bigl(1 + o(1)\bigr)\,;$$

in Worten: Die Anzahl Operationen ist *linear in der Inputlänge*.

Ausgehend von $a_{0,\cdot}$ hat man also in $J \geq 1$ Schritten die Koeffizientenvektoren

$$d_{1,\cdot}\,,\ d_{2,\cdot}\,,\ \ldots\,,\ d_{J,\cdot}\,,\ a_{J,\cdot}$$

berechnet (die Zwischenresultate $a_{0,\cdot}\,,\ \ldots\,,\ a_{J-1,\cdot}$ werden nicht mehr benötigt). Die Längensumme dieser Vektoren ist von der Größenordnung $\text{length}(a_{0,\cdot})$, so daß punkto Speicherbedarf nicht viel gewonnen scheint. Nun werden aber die Koeffizientenvektoren $d_{j,\cdot}$ lange Sequenzen von vernachläßigbaren Einträgen $d_{j,k}$ enthalten, je nach der Feinstruktur des Signals f in verschiedenen Zonen der t-Achse. Indem man alle $d_{j,k}$, deren Betrag einen gewissen Schwellenwert (englisch: *treshold*) unterschreitet, kurzer Hand nullsetzt und den betreffenden Speicherplatz freigibt, erreicht man spektakuläre Kompressionsraten ohne signifikanten Informationsverlust. Siehe dazu zum Beispiel den instruktiven Artikel [19].

Nun zur Synthese. Hier erhalten wir einen Algorithmus von ähnlicher Einfachheit. Da der Schritt $j-1 \rightsquigarrow j$ darauf hinausläuft, die orthonormierte Basis $\phi_{j-1,\cdot}$ von V_{j-1} durch die ebenfalls orthonormierte Basis $\phi_{j,\cdot} \cup \psi_{j,\cdot}$ zu ersetzen, müssen für den Gegenschritt $j \rightsquigarrow j-1$ keine Matrizen invertiert werden. Im einzelnen hat man

$$P_{j-1}f = P_j f + Q_j f = \sum_k a_{j,k}\,\phi_{j,k} + \sum_k d_{j,k}\,\psi_{j,k}$$

und folglich

$$a_{j-1,n} = \langle P_{j-1}f,\phi_{j-1,n}\rangle = \sum_k a_{j,k}\,\langle \phi_{j,k},\phi_{j-1,n}\rangle + \sum_k d_{j,k}\,\langle \psi_{j,k},\phi_{j-1,n}\rangle\,.$$

5.4 Algorithmen

Für die rechter Hand erscheinenden Skalarprodukte entnehmen wir den Formeln (3) und (4) die Werte

$$\langle \phi_{j,k}, \phi_{j-1,n} \rangle = h_{n-2k}, \qquad \langle \psi_{j,k}, \phi_{j-1,n} \rangle = g_{n-2k},$$

so daß wir definitiv die folgende Syntheseformel erhalten:

$$\boxed{a_{j-1,n} = \sum_k h_{n-2k}\, a_{j,k} + \sum_k g_{n-2k}\, d_{j,k}}$$

Als Gegenstück zu (6) ergibt sich damit eine ähnliche Kaskade, die aus den Koeffizientenvektoren

$$a_{J,\cdot},\ d_{J,\cdot},\ d_{J-1,\cdot},\ \ldots,\ d_{2,\cdot},\ d_{1,\cdot}$$

schließlich den Datensatz $a_{0,\cdot}$ und damit $P_0 f$ zurückliefert:

$$\begin{array}{ccccccccc}
a_{J,\cdot} & \xrightarrow{h} & a_{J-1,\cdot} & \xrightarrow{h} & a_{J-2,\cdot} & \xrightarrow{h} & \cdots & \xrightarrow{h} & a_{1,\cdot} & \xrightarrow{h} & a_{0,\cdot} \\
 & \nearrow g & & \nearrow g & & & & & \nearrow g & & \nearrow g \\
d_{J,\cdot} & & d_{J-1,\cdot} & & & & & & d_{2,\cdot} & & d_{1,\cdot}
\end{array}$$

Wir überlassen es dem Leser, die Anzahl der hierfür insgesamt erforderlichen Multiplikationen abzuschätzen. Es wird eine Zahl herauskommen, die ungefähr doppelt so groß ist wie das μ von vorher.

Die eingerahmten Formeln zeigen, daß wir nur eine Tabelle der h_k und der g_k benötigen, um sofort mit konkreter numerischer Arbeit beginnen zu können. Weder die Skalierungsfunktion ϕ noch das Mutter-Wavelet ψ müßen vorrätig sein oder laufend neu berechnet werden. (Auch von der Theorie dahinter braucht man eigentlich nichts zu verstehen ...) In [D] finden sich zahlreiche derartige Tabellen; sie gehören zu verschiedenen Wavelets ψ, die sich aus dem einen oder andern Grund bewährt haben. Das folgende Beispiel einer derartigen Tabelle gehört zu dem sogenannten Daubechies-Wavelet $_3\psi$ mit Träger $[0,5]$:

k	h_k	$g_k = (-1)^k h_{5-k}$
0	.3326705529500825	.0352262918857095
1	.8068915093110924	.0854412738820267
2	.4598775021184914	$-$.1350110200102546
3	$-$.1350110200102546	$-$.4598775021184914
4	$-$.0854412738820267	.8068915093110924
5	.0352262918857095	$-$.3326705529500825

(8)

Wir werden dieses Wavelet in 6.2.② ab ovo konstruieren und dann auch sehen, wie die angegebenen Werte h_k zustandekommen.

① (Fortsetzung von Beispiel 5.3.②) Die zum Meyer-Wavelet gehörigen h_k haben wir noch gar nicht berechnet. Das soll hier nachgeholt werden.

Die erzeugende Funktion $H(\cdot)$ ist gegeben durch 5.3.(22) und ist wie $\widehat{\phi}$ eine gerade Funktion. Aufgrund von 5.3.(3) erhält man daher nacheinander

$$h_k = \frac{\sqrt{2}}{2\pi} \int_{-\pi}^{\pi} H(\xi) e^{ik\xi} d\xi = \frac{\sqrt{2}}{2\pi} \int_{-\pi}^{\pi} H(\xi) \cos(k\xi) d\xi$$

$$= \frac{\sqrt{2}}{\pi} \int_0^{\pi} \sqrt{2\pi} \sum_l \widehat{\phi}(2\xi + 4\pi l) \cos(k\xi) d\xi \ .$$

Von der Summe gibt nur der zu $l = 0$ gehörige Term einen Beitrag ans Integral; somit ist

$$h_k = h_{-k} = \frac{2}{\sqrt{\pi}} \int_0^{\pi} \widehat{\phi}(2\xi) \cos(k\xi) d\xi \ .$$

Diese Integrale müssen nun numerisch berechnet werden. Bei dem hier gewählten $\nu(\cdot)$ besitzt $\widehat{\phi}$ an den Stellen $\pm\frac{2\pi}{3}$ einen 4-Knackpunkt, an den Stellen $\pm\frac{4\pi}{3}$ einen 3-Knackpunkt und ist im übrigen beliebig oft differenzierbar. Hieraus folgt (vgl. Beispiel 1.2.②), daß die h_k für $k \to \infty$ nur wie $1/k^4$ abklingen. Die Rechnung liefert die folgenden Werte:

k	$h_k = h_{-k}$	k	$h_k = h_{-k}$
0	.748791	16	−.000329
1	.442347	17	.000061
2	−.039431	18	.000333
3	−.127928	19	−.000231
4	.033278	20	−.000059
5	.057120	21	.000174
6	−.024807	22	−.000115
7	−.025310	23	−.000027
8	.016000	24	.000115
9	.009538	25	−.000067
10	−.008556	26	−.000028
11	−.002451	27	.000066
12	.003416	28	−.000040
13	.000058	29	−.000015
14	−.000647	30	.000046
15	.000225	31	−.000027

6 Orthonormierte Wavelets mit kompaktem Träger

6.1 Lösungsansatz

Wir stehen vor der Aufgabe, Skalierungsfunktionen $\phi\colon \mathbb{R} \to \mathbb{C}$ zu produzieren mit folgenden Eigenschaften:

(a) $\phi \in L^2$, $\operatorname{supp}(\phi)$ kompakt,

(b) $\phi(t) \equiv \sqrt{2}\sum_k h_k\, \phi(2t-k)$ bzw. $\widehat{\phi}(\xi) = H\!\left(\dfrac{\xi}{2}\right) \widehat{\phi}\!\left(\dfrac{\xi}{2}\right)$,

(c) $\displaystyle\int \phi(t)\,dt = 1$ bzw. $\widehat{\phi}(0) = \dfrac{1}{\sqrt{2\pi}}$,

(d) $\displaystyle\int \phi(t)\,\overline{\phi(t-k)}\,dt = \delta_{0k}$ bzw. $\displaystyle\sum_k |\widehat{\phi}(\xi + 2\pi l)|^2 \equiv \dfrac{1}{2\pi}$.

Sind alle diese Bedingungen erfüllt, so liefert Satz **(5.13)** eine orthonormierte Basis von Wavelets $\psi_{j,k}$ mit kompaktem Träger.

Aus (a) folgt sofort $\phi \in L^1$ und $\widehat{\phi} \in C^\infty$; ferner ergibt sich mit **(5.6)**, daß nur endlich viele h_k ungleich 0 sind. Die erzeugende Funktion

$$H(\xi) := \frac{1}{\sqrt{2}} \sum_k h_k\, e^{-ik\xi}$$

ist daher ein trigonometrisches Polynom, das nach **(5.10)** der Identität

$$|H(\xi)|^2 + |H(\xi + \pi)|^2 \equiv 1 \qquad (\xi \in \mathbb{R}) \tag{1}$$

genügt und, wie schon früher bemerkt, wegen (b) die speziellen Werte $H(0) = 1$, $H(\pi) = 0$ besitzt.

Die systematische Produktion von derartigen Polynomen ist eine algebraische Aufgabe, der wir uns im nächsten Abschnitt zuwenden. An dieser Stelle zeigen wir, daß die Skalierungsfunktion ϕ, wenn es denn überhaupt eine gibt, durch H vollständig bestimmt ist. Wird (b) rekursiv r-mal angewandt so ergibt sich

$$\widehat{\phi}(\xi) = \prod_{j=1}^{r} H\!\left(\frac{\xi}{2^j}\right) \cdot \widehat{\phi}\!\left(\frac{\xi}{2^r}\right)$$

und folglich wegen (c):

$$\widehat{\phi}(\xi) = \frac{1}{\sqrt{2\pi}} \lim_{r\to\infty} \prod_{j=1}^{r} H\!\left(\frac{\xi}{2^j}\right), \tag{2}$$

falls das unendliche Produkt konvergiert. Wir beweisen darüber:

(6.1) *Die erzeugende Funktion $H \in C^1$ genüge der Identität (1) sowie $H(0) = 1$. Dann konvergiert das Produkt (2) auf $\mathbb{R}$ lokal gleichmäßig gegen eine Funktion $\widehat{\phi} \in L^2$.*

⌐ Mit
$$\max_{\xi} |H'(\xi)| =: M$$

folgt nach dem Mittelwertsatz der Differentialrechnung

$$|H(\xi) - 1| = |H(\xi) - H(0)| \leq M |\xi| \qquad (\xi \in \mathbb{R}),$$

und hieraus schließt man auf

$$\left| H\left(\frac{\xi}{2^j}\right) - 1 \right| \leq \frac{M|\xi|}{2^j} \qquad (j \geq 0).$$

Wegen $\sum_{j \geq 1} 2^{-j} = 1$ konvergiert daher das Produkt (2) lokal gleichmäßig gegen eine stetige Funktion $\widehat{\phi} \colon \mathbb{R} \to \mathbb{C}$.

Um $\widehat{\phi} \in L^2$ zu beweisen, müssen wir den von H zu ϕ führenden Grenzprozess mit Hilfe einer „Abschneidefunktion" leicht modifizieren. Wir setzen nämlich

$$\widehat{f_0}(\xi) := \frac{1}{\sqrt{2\pi}} 1_{[-\pi,\pi[}(\xi)$$

und definieren rekursiv wie in (b):

$$\widehat{f_r}(\xi) := H\left(\frac{\xi}{2}\right) \widehat{f_{r-1}}\left(\frac{\xi}{2}\right) \qquad (r \geq 1). \tag{3}$$

Dann ist

$$\widehat{f_r}(\xi) = \frac{1}{\sqrt{2\pi}} \prod_{j=1}^{r} H\left(\frac{\xi}{2^j}\right) \cdot 1_{[-2^r\pi, 2^r\pi[}. \tag{4}$$

Für jedes feste $\xi \in \mathbb{R}$ gibt es ein r_0 mit

$$-2^r \pi \leq \xi < 2^r \pi \qquad \forall r > r_0,$$

so daß der „Abschneidefaktor" in (4) für alle $r > r_0$ entfällt. Der Vergleich mit (2) beweist daher

$$\lim_{r \to \infty} \widehat{f_r}(\xi) = \widehat{\phi}(\xi) \qquad (\xi \in \mathbb{R}),$$

und zwar haben wir auch hier lokal gleichmäßige Konvergenz. Als nächstes beweisen wir das folgende Lemma:

6.1 Lösungsansatz

(6.2) *Die Familie* $(f_r(\cdot - k) \mid k \in \mathbb{Z})$ *bildet für jedes* $r \geq 0$ *ein Orthonormalsystem.*

⌐ Aufgrund von Satz **(5.9)** ist **(6.2)** äquivalent mit

$$\Phi_r(\xi) := \sum_l |\widehat{f_r}(\xi + 2\pi l)|^2 \equiv \frac{1}{2\pi} \qquad (r \geq 0) . \tag{5}$$

Mit Hilfe von (1) erhält man für die Φ_r folgende Rekursionsformel:

$$\Phi_r(\xi) = \sum_l |\widehat{f_r}(\xi + 4\pi l)|^2 + \sum_l |\widehat{f_r}(\xi + 2\pi + 4\pi l)|^2$$

$$= \left(\left|H\left(\frac{\xi}{2}\right)\right|^2 + \left|H\left(\frac{\xi}{2}+\pi\right)\right|^2 \right) \Phi_{r-1}\left(\frac{\xi}{2}\right) .$$

Da nun die Behauptung (5) für $r := 0$ offensichtlich zutrifft, ist sie damit für alle $r \geq 0$ als richtig erwiesen. ⌐

Mit Hilfe des Lemmas von Fatou können wir nun den folgenden Schluß bezüglich der Grenzfunktion $\widehat{\phi}$ ziehen:

$$\int |\widehat{\phi}(\xi)|^2 \, d\xi \leq \limsup_{r \to \infty} \int |\widehat{f_r}(\xi)|^2 \, d\xi = \limsup_{r \to \infty} 1 = 1 .$$

Damit ist $\phi \in L^2$ erwiesen. ⌐

Wir müssen uns nun um den Träger supp(ϕ) kümmern. Woher nehmen wir die Gewißheit, daß die Skalierungsfunktion (2) tatsächlich kompakten Träger hat, wenn nur endlich viele h_k ungleich 0 sind? Die im Beweis von Satz **(6.1)** verwendeten Funktionen f_r, die in L^2 gegen ϕ konvergieren, haben gewiss keinen kompakten Träger; denn die Träger supp($\widehat{f_r}$) sind kompakt, die f_r selbst somit holomorphe Funktionen der *komplexen* Variablen ξ.

Um supp(ϕ) unter Kontrolle zu bekommen, müssen wir direkt im Zeitbereich argumentieren. Wir wollen im weiteren

$$a(h.) := \min\{k \mid h_k \neq 0\} = 0 , \qquad b(h.) := \max\{k \mid h_k \neq 0\} = 2N - 1 \tag{6}$$

annehmen. Falls ϕ überhaupt kompakten Träger hat, liefert Satz **(5.7)** dessen Grenzen $a(\phi) = 0$ und $b(\phi) = 2N - 1$. Wir konstruieren nun eine neue Folge $(g_r \mid r \geq 0)$, die in irgendeinem Sinn gegen ϕ konvergiert, bei der wir aber sicher sind, daß die Träger von allen g_r im anvisierten Intervall $[0, 2N - 1]$ liegen.

Für die Definition einer derartigen Folge erinnern wir uns an die von der Skalierungsgleichung 5.2.(2) codierte Reproduktionseigenschaft von ϕ. Man kann sie so ausdrücken: Die Skalierungsfunktion ϕ ist ein *Fixpunkt* der Transformation

$$S \colon \ L^2 \to L^2 , \qquad g \mapsto Sg ; \qquad Sg(t) := \sqrt{2} \sum_{k=0}^{2N-1} h_k \, g(2t - k) .$$

Zur Bestimmung von Fixpunkten dient in der Analysis das folgende allgemeine Verfahren: Man wählt einen passenden Startpunkt g_0 und definiert rekursiv eine Folge $(g_r \,|\, r \geq 0)$ durch

$$g_{r+1} := Sg_r \qquad (r \geq 0) \,. \tag{7}$$

Wenn man Glück hat, konvergiert diese Folge gegen „den" Fixpunkt ϕ von S. Im Hinblick auf 5.2.(1) wählen wir im vorliegenden Fall $g_0 := 1_{[0,1[}$ und definieren die Folge $(g_r \,|\, r \geq 0)$ durch (7). Als erstes beweisen wir

$$\mathrm{supp}(g_r) \subset [0, 2N-1] \qquad \forall r \geq 0 \,. \tag{8}$$

⌐ Wegen $N \geq 1$ trifft die Behauptung für $r = 0$ zu. Gilt (8) wie angeschrieben, so kann $g_{r+1}(t) = Sg_r(t)$ höchstens dann ungleich 0 sein, wenn sich die beiden Mengen

$$\{2t - (2N-1), \ldots, 2t-1, 2t\} \qquad \text{und} \qquad [0, 2N-1]$$

schneiden, und hierfür müßen die Ungleichungen

$$2t \geq 0 \quad \wedge \quad 2t - (2N-1) \leq 2N - 1$$

erfüllt sein, oder eben $0 \leq t \leq 2N - 1$. ⌐

Die Wirkung von S im Fourier-Bereich ist offensichtlich gegeben durch

$$\widehat{Sg}(\xi) \;=\; H\!\left(\frac{\xi}{2}\right)\widehat{g}\!\left(\frac{\xi}{2}\right),$$

und r-malige Iteration liefert für unsere g_r die Formel

$$\widehat{g}_r(\xi) \;=\; \prod_{j=1}^{r} H\!\left(\frac{\xi}{2^j}\right) \cdot \widehat{g}_0\!\left(\frac{\xi}{2^r}\right) \,.$$

Nun ist (siehe 5.3.(20))

$$\widehat{g}_0(\xi) \;=\; \frac{1}{\sqrt{2\pi}}\, e^{-i\xi/2} \,\mathrm{sinc}\!\left(\frac{\xi}{2}\right) \tag{9}$$

und somit

$$\lim_{r \to \infty} \widehat{g}_0\!\left(\frac{\xi}{2^r}\right) \;=\; \frac{1}{\sqrt{2\pi}} \,.$$

Der Vergleich mit (2) zeigt, daß jedenfalls im Fourier-Bereich der erhoffte Sachverhalt eingetreten ist: Es gilt

$$\lim_{r \to \infty} \widehat{g}_r(\xi) \;=\; \widehat{\phi}(\xi) \qquad (\xi \in \mathbb{R})$$

mit lokal gleichmäßiger Konvergenz auf $\mathbb{R}$.

6.1 Lösungsansatz

Wie gut die g_r selber gegen ϕ konvergieren, hängt stark von den Regularitätseigenschaften von ϕ ab, und die kennen wir nicht; im Augenblick ist ϕ nur ein L^2-Objekt. Trotzdem hat es einen Sinn, vom Träger von ϕ zu sprechen: Man wird

$$\mathrm{supp}(\phi) \subset [0, 2N-1]$$

gelten lassen, falls

$$\int_{\mathbb{R}\setminus[0,2N-1]} |\phi(t)|^2 \, dt = 0$$

ist, und hierfür ist hinreichend, daß ϕ auf allen C^2-Testfunktionen u mit kompaktem und zu $[0, 2N-1]$ disjunktem Träger senkrecht steht. Genau dies wird in dem folgenden Lemma bewiesen:

(6.3) *Es sei u eine C^2-Funktion mit kompaktem und zum Intervall $[0, 2N-1]$ disjunktem Träger. Dann gilt*

$$\langle \phi, u \rangle = \int \phi(t)\,\overline{u(t)}\, dt = 0 \ .$$

⌈ Es sei ein $\varepsilon > 0$ vorgegeben. Nach Voraussetzung über u ist $\widehat{u} \in L^1$; es gibt daher ein $M > 0$ mit

$$\int_{|\xi| \geq M} |\widehat{u}(\xi)| \, d\xi \leq \varepsilon \ .$$

Zu diesem M gibt es weiter ein $r \geq 0$ mit

$$|\widehat{g_r}(\xi) - \widehat{\phi}(\xi)| \leq \varepsilon \qquad (-M \leq \xi \leq M) \ ;$$

endlich gilt wegen 5.3.(5) und (9):

$$|\widehat{\phi}(\xi)| \leq \frac{1}{\sqrt{2\pi}}\, , \quad |\widehat{g_r}(\xi)| \leq \frac{1}{\sqrt{2\pi}} \qquad \forall \xi \in \mathbb{R},\ \forall r \geq 0 \ .$$

Nach (8) sind die Träger von g_r und u disjunkt. Wir haben daher

$$\langle \phi, u \rangle = \langle g_r, u \rangle + \langle \phi - g_r, u \rangle = 0 + \langle \widehat{\phi} - \widehat{g_r}, \widehat{u} \rangle$$

und folglich

$$|\langle \phi, u \rangle| \leq \int_{-M}^{M} |\widehat{\phi}(\xi) - \widehat{g_r}(\xi)|\,|\widehat{u}(\xi)|\, d\xi + \int_{|\xi| \geq M} (|\widehat{\phi}(\xi)| + |\widehat{g_r}(\xi)|)\,|\widehat{u}(\xi)|\, d\xi$$

$$\leq \left(\|\widehat{u}\|_1 + \frac{2}{\sqrt{2\pi}} \right) \varepsilon \ .$$

Da hier $\varepsilon > 0$ beliebig war, ergibt sich die Behauptung. ⌋

Damit können wir den folgenden Satz aussprechen:

(6.4) *Der Koeffizientenvektor $h_\cdot$ sei begrenzt durch (6), und die zugehörige Funktion H genüge der Identität (1) sowie $H(0) = 1$. Dann besitzt die Skalierungsgleichung eine wohlbestimmte Lösung $\phi \in L^2$, und ϕ hat kompakten Träger im Intervall $[0, 2N-1]$.*

Das zum Beweis dieses Satzes verwendete Iterationsverfahren (7) läßt sich übrigens recht gut für die numerische Konstruktion von ϕ verwenden. In den Bildern 6.1 und 6.3 sind die approximierenden Treppenfunktionen g_r ebenfalls dargestellt.

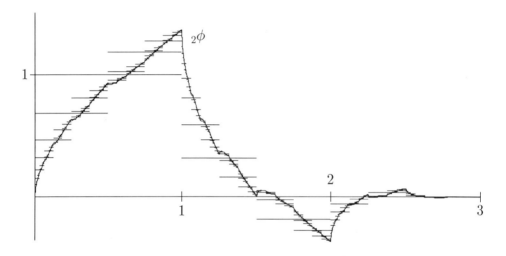

Bild 6.1 Iterative Konstruktion der Daubechies-Skalierungsfunktion $_2\phi$

Nach **(6.1)** bzw. **(6.4)** ist ϕ durch H bestimmt und explizit gegeben durch (2). Dies legt folgendes Vorgehen nahe: Man wählt ein trigonometrisches Polynom H, das der Identität (1) sowie $H(0) = 1$ genügt, und definiert ϕ durch (2). Dann sind (a), (b) und (c) automatisch erfüllt; nachzuweisen bleibt (d). Das folgende Beispiel zeigt, daß die durch (1) codierten Konsistenzbedingungen für (d) wohl notwendig, aber nicht hinreichend sind.

① In Anlehnung an Beispiel 5.3.① definieren wir

$$H(\xi) := \frac{1}{2}(1 + e^{-3i\xi}) = e^{-3i\xi/2} \cos\frac{3\xi}{2}\ .$$

Man berechnet

$$|H(\xi)|^2 + |H(\xi + \pi)|^2 = \cos^2\frac{3\xi}{2} + \cos^2\frac{3(\xi+\pi)}{2} \equiv 1\ .$$

Die eindeutig bestimmte Lösung der Funktionalgleichung (b), die auch noch (c) erfüllt, läßt sich einfach hinschreiben:

$$\widehat{\phi}(\xi) = \frac{1}{\sqrt{2\pi}} e^{-3i\xi/2} \frac{\sin(3\xi/2)}{3\xi/2}\ ;$$

6.1 Lösungsansatz

sie liefert

$$\phi(t) = \begin{cases} \dfrac{1}{3} & (0 \leq t < 3) \\ 0 & (\text{sonst}) \end{cases}.$$

Die Funktionen $\bigl(\phi(\,\cdot\, - k)\,\big|\,k \in \mathbb{Z}\bigr)$ sind offensichtlich nicht orthonormiert. Immerhin läßt sich zeigen, daß die zugehörigen $\psi_{j,k}$ ein straffes Frame in L^2 bilden; siehe [D], Proposition 6.3.2. ○

Es sind verschiedene Zusatzvoraussetzungen an H vorgeschlagen worden, die (d) garantieren — in Wirklichkeit fehlt nämlich nicht viel. Die folgende Variante stammt von Mallat [12]:

(6.5) Die erzeugende Funktion $H \in C^1$ genüge der Identität *(1)* sowie $H(0) = 1$; ferner sei

$$H(\xi) \neq 0 \qquad \bigl(|\xi| \leq \tfrac{\pi}{2}\bigr). \tag{10}$$

Wird dann $\widehat{\phi}$ definiert durch *(2)*, so bilden die $\phi_{0,k}$ $(k \in \mathbb{Z})$ eine orthonormierte Basis von V_0.

⌐ Wir müssen zeigen, daß die Orthonormalität **(6.2)** der $\widehat{f_r}(\,\cdot\, - k)$ im Limes erhalten bleibt, und dazu benötigen wir die entscheidende Zusatzvoraussetzung (10). Ist $|\xi| \leq \pi$, so gilt $H(\xi/2^j) \neq 0$ für alle $j \geq 1$, und hieraus folgt nach Definition der Konvergenz eines unendlichen Produkts, daß $\widehat{\phi}(\xi) \neq 0$ ist. Da $\widehat{\phi}$ aufgrund der lokal gleichmäßigen Konvergenz von *(2)* stetig ist, gibt es folglich ein $\delta > 0$ mit

$$|\widehat{\phi}(\xi)| \geq \delta \qquad (|\xi| \leq \pi). \tag{11}$$

Nun läßt sich $\widehat{f_r}$, wie man sich leicht überlegt, auch folgendermaßen darstellen:

$$\widehat{f_r}(\xi) = \begin{cases} \dfrac{1}{\sqrt{2\pi}}\dfrac{\widehat{\phi}(\xi)}{\widehat{\phi}(\xi/2^r)} & (-2^r\pi \leq \xi < 2^r\pi) \\ 0 & (\text{sonst}) \end{cases}.$$

Dank (11) erhalten wir daher die universelle Abschätzung

$$|\widehat{f_r}(\xi)| \leq \frac{1}{\sqrt{2\pi}\,\delta}|\widehat{\phi}(\xi)| \qquad \forall \xi \in \mathbb{R},\ \forall r \geq 0,$$

die uns erlaubt, in der abschließenden Formelzeile

$$\int \phi(t)\,\overline{\phi(t-k)}\,dt = \int |\widehat{\phi}(\xi)|^2\,e^{ik\xi}\,d\xi = \lim_{r \to \infty} \int |\widehat{f_r}(\xi)|^2\,e^{ik\xi}\,d\xi = \delta_{0k} \qquad \forall k \in \mathbb{Z}$$

vom Lebesgueschen Satz (betreffend den Grenzübergang unter dem Integralzeichen) Gebrauch zu machen. ⌋

① (Fortsetzung) Um zu sehen, was in diesem Beispiel schiefgelaufen ist, berechnen wir

$$|\widehat{f_r}(\xi)|^2 = \frac{1}{2\pi} \prod_{j=1}^{r} \left|H\left(\frac{\xi}{2^j}\right)\right|^2 = \frac{1}{2\pi} \prod_{j=1}^{r} \cos^2 \frac{3\xi}{2^{j+1}} \qquad (|\xi| < 2^r \pi) .$$

Betrachte jetzt den Punkt $\xi_r := \frac{2}{3} 2^r \pi$. An dieser Stelle ist

$$|\widehat{f_r}(\xi_r)|^2 = \frac{1}{2\pi} \prod_{j=1}^{r} \cos^2(2^{r-j}\pi) = \frac{1}{2\pi} .$$

Wegen $\xi_r \to \infty$ ($r \to \infty$) scheint es daher ausgeschlossen, daß die $|\widehat{f_r}|^2$ eine gemeinsame integrable Majorante besitzen.

Der tiefere Grund für den hier vorliegenden Sachverhalt ist folgender: Die Aktion

$$D: \quad \mathbb{R}/2\pi \to \mathbb{R}/2\pi , \qquad \xi \mapsto 2\xi$$

besitzt eine geschlossene Bahn

$$(\xi_0, \ldots, \xi_{n-1}) , \qquad \xi_k := D\xi_{k-1} \ \forall k , \quad \xi_n = \xi_0 \qquad (12)$$

mit $|H(\xi_k)| = 1$ für alle k, nämlich den Zweierzyklus $\left\{\frac{2\pi}{3}, \frac{4\pi}{3}\right\}$. Durch die Bedingung (10) werden derartige Zyklen unmöglich gemacht. Dies läßt sich folgendermaßen einsehen: Aus (10) folgt

$$|H(\xi)| < 1 \qquad \left(\frac{\pi}{2} \leq \xi \leq \frac{3\pi}{2}\right) ,$$

wobei hier ξ modulo 2π zu verstehen ist. Es sei (12) eine beliebige geschlossene Bahn von D. In der (notwendigerweise periodischen) Binärdarstellung von $\frac{\xi_0}{2\pi}$ modulo 1 kommt bestimmt die Sequenz 01 oder die Sequenz 10 vor. Dann fällt aber nach endlich vielen Schritten ein Punkt $D^j \xi_0$ in das Intervall $\left[\frac{\pi}{2}, \frac{3\pi}{2}\right]$; die betrachtete Bahn enthält daher notwendigerweise Punkte ξ_j mit $|H(\xi_j)| < 1$. ○

Lawton [11] hat eine Bedingung eher algebraischer Art gefunden, die ebenfalls die Orthonormalität der $\phi_{0,k}$ garantiert. Wir nehmen wiederum (6) an; mit **(6.4)** folgt dann $a(\phi) = 0$ und $b(\phi) = 2N - 1$.

Es geht jetzt um die Zahlen

$$\alpha_m := \langle \phi, \phi_{0,m} \rangle = \int \phi(t) \overline{\phi(t-m)} \, dt \qquad (m \in \mathbb{Z}) .$$

Wegen $\operatorname{supp}(\phi) \subset [0, 2N-1]$ sind alle α_m mit $|m| \geq 2N - 1$ von selbst gleich 0. Aufgrund der Skalierungsgleichung 5.2.(2) haben wir

$$\alpha_m = 2 \sum_{k,l} h_k \overline{h_l} \int \phi(2t-k) \overline{\phi(2t-2m-l)} \, dt$$

$$= \sum_{k,l} h_k \overline{h_l} \int \phi(t') \overline{\phi(t'+k-2m-l)} \, dt' = \sum_{k,l} h_k \overline{h_l} \, \alpha_{2m+l-k} .$$

6.1 Lösungsansatz

Substituieren wir hier die Summationsvariable l gemäß $l := n + k - 2m$ mit laufendem n, so folgt

$$\alpha_m = \sum_n \Big(\sum_k h_k \overline{h_{n+k-2m}}\Big) \alpha_n \, . \tag{13}$$

Dies bringt die $(4N - 3)$-reihige Matrix $A := [A_{mn}]$ ins Spiel, deren Elemente definiert sind durch

$$A_{m,n} := \sum_k h_k \overline{h_{n+k-2m}} \qquad (|m|, |n| < 2N - 1) \, . \tag{14}$$

Die Gleichung (13) besagt $\alpha_m = \sum_n A_{mn} \alpha_n$, und das heißt: Der Vektor $\alpha_\cdot$ ist ein Eigenvektor von A zum Eigenwert 1. Nun ist aber auch der Vektor

$$\beta_\cdot := (0, \ldots, 0, 1, 0, \ldots, 0) \, , \qquad \text{d.h.} \qquad \beta_m = \delta_{0m} \quad (|m| < 2N - 1)$$

ein Eigenvektor von A zum Eigenwert 1; denn aufgrund von (1) bzw. **(5.4)** gilt

$$\sum_n A_{mn} \beta_n = A_{m,0} = \sum_k h_k \overline{h_k - 2m} = \delta_{0,m} = \beta_m \qquad (|m| < 2N - 1) \, .$$

Nach diesen Vorbereitungen können wir den folgenden Satz notieren:

(6.6) *Der Koeffizientenvektor $h_\cdot$ sei begrenzt durch (6), die zugehörige Funktion H genüge der Identität (1) sowie $H(0) = 1$, und es sei ϕ die durch (2) bestimmte Skalierungsfunktion. Ist 1 ein* **einfacher** *Eigenwert der Matrix A, so sind die $\phi_{0,k}$ ($k \in \mathbb{Z}$) orthonormiert.*

⌐ Nach Annahme über A gibt es eine Zahl $c \in \mathbb{C}^*$ mit $\alpha_\cdot = c\beta_\cdot$; in anderen Worten: Alle $\alpha_m = \langle \phi, \phi_{0,m} \rangle$ mit $m \neq 0$ haben den Sollwert 0, und $\alpha_0 = c \neq 0$. Die zum Beweis von **(5.9)** durchgeführte Rechnung zeigt, daß unter diesen Umständen die Identität

$$\Phi(\xi) = \sum_l |\widehat{\phi}(\xi + 2\pi l)|^2 \equiv \frac{c}{2\pi}$$

gilt.

Ist nun $l = 2^r(2n + 1) \neq 0$, so liefert die schon im Beweis von **(5.14)** verwendete Schlußkette

$$\widehat{\phi}(2\pi l) = \prod_{j=1}^{r-1} H\big(2^{r-j}(2n+1)\pi\big) \cdot H\big((2n+1)\pi\big) \widehat{\phi}\big((2n+1)\pi\big) = 0 \tag{15}$$

den noch fehlenden Wert $c = 2\pi |\widehat{\phi}(0)|^2 = 1$. ⌐

① (Fortsetzung) In diesem Beispiel ist $N=2$, und die h_k haben folgende Werte:

$$h_0 = h_3 = \frac{1}{\sqrt{2}}, \qquad h_1 = h_2 = 0 \ .$$

Durch Einsetzen in (14) erhält man die Matrix

$$A = \begin{bmatrix} 0 & \frac{1}{2} & 0 & 0 & 0 \\ 1 & 0 & 0 & \frac{1}{2} & 0 \\ 0 & 0 & 1 & 0 & 0 \\ 0 & \frac{1}{2} & 0 & 0 & 1 \\ 0 & 0 & 0 & \frac{1}{2} & 0 \end{bmatrix}$$

(Zeilen und Kolonnen von -2 bis 2 numeriert) mit den Eigenwerten

$$-1 \ , \ -\frac{1}{2} \ , \ \frac{1}{2} \ , \ 1 \ , \ 1 \ .$$

Der Eigenraum zum doppelten Eigenwert 1 ist zweidimensional; er wird aufgespannt von den Vektoren $(1,2,0,2,1)$ und natürlich $(0,0,1,0,0)$. ◯

Über die Regularität der erhaltenen Skalierungsfunktionen wurde hier nicht gesprochen. Die Bilder 6.1 (bzw. 6.5) und 6.3 zeigen, daß ϕ in der Tat ziemlich ruppig aussehen kann. Da ϕ nicht als einfacher Ausdruck, sondern nur als Resultat eines „fraktalen" Prozesses vorliegt, ist die Regularitätsuntersuchung, sei es via das Abklingverhalten von $\hat{\phi}$ für $|\xi| \to \infty$ oder via eine eingehende Analyse des Operators S, delikat und erfordert sehr ins Einzelne gehende Abschätzungen. Dabei kommt zum Beispiel heraus, daß die Daubechies-Skalierungsfunktion $_3\phi$ und das zugehörige Wavelet $_3\psi$ schon stetig differenzierbar sind, und weiter, daß die Differenzierbarkeitsordnung im wesentlichen linear (mit einem Faktor ~ 0.2) mit N wächst. Für Einzelheiten verweisen wir den Leser auf [D], Chapter 7, oder auf [7].

6.2 Algebraische Konstruktionen

Nach den Ergebnissen des vorangehenden Abschnitts bleibt einzig noch das algebraische Problem, trigonometrische Polynome

$$H(\xi) := \frac{1}{\sqrt{2}} \sum_k h_k \, e^{-ik\xi}$$

6.2 Algebraische Konstruktionen

zu finden, die der Identität

$$|H(\xi)|^2 + |H(\xi + \pi)|^2 \equiv 1 \qquad (\xi \in \mathbb{R})$$

genügen sowie der Bedingung $H(0) = 1$. Wir wollen uns hier auf *reelle* h_k festlegen, die zugehörigen Skalierungsfunktionen ϕ sowie die Mutter-Wavelets ψ sind dann ebenfalls reellwertig.

Nach 5.3.(13) wird $\widehat{\psi}$ gegeben sein durch

$$\widehat{\psi}(\xi) := e^{i\xi/2} \, \overline{H\left(\frac{\xi}{2} + \pi\right)} \, \widehat{\phi}\left(\frac{\xi}{2}\right) \,.$$

Nun sind wir nach dem in Abschnitt 3.5 Gesagten, siehe zum Beispiel **(3.13)**, daran interessiert, daß das Wavelet ψ möglichst hohe Ordnung besitzt, und das ist nach 3.5.(3) damit äquivalent, daß $\widehat{\psi}$ an der Stelle $\xi = 0$ von möglichst hoher Ordnung N verschwindet. Folglich sollte H an der Stelle π eine Nullstelle der Ordnung $N \gg 1$ haben, was wir mit

$$H(\xi) = \left(\frac{1 + e^{-i\xi}}{2}\right)^N B(\xi) \,, \qquad N \geq 1$$

zum Ausdruck bringen. Anstelle von H betrachten wir zunächst die Funktion

$$M(\xi) := |H(\xi)|^2 = H(\xi) \, H(-\xi) \geq 0 \,, \qquad (1)$$

die jedenfalls der Identität

$$M(\xi) + M(\xi + \pi) \equiv 1 \qquad (2)$$

genügen muß. Aus Symmetriegründen ist M ein Polynom in $\cos \xi$, und M enthält den Faktor

$$\left(\frac{1 + e^{-i\xi}}{2}\right)^N \left(\frac{1 + e^{i\xi}}{2}\right)^N = \left(\frac{1 + \cos \xi}{2}\right)^N = \left(\cos^2 \frac{\xi}{2}\right)^N \,;$$

folglich ist

$$M(\xi) = \left(\cos^2 \frac{\xi}{2}\right)^N A(\xi) \,, \qquad A(\xi) = B(\xi)B(-\xi) = \widetilde{P}(\cos \xi) \qquad (3)$$

für ein gewisses Polynom $\widetilde{P}$. Führen wir mit $\sin^2 \frac{\xi}{2} =: y$ die neue Variable y ein und setzen zur Abkürzung

$$A(\xi) = \widetilde{P}(\cos \xi) = \widetilde{P}(1 - 2y) =: P(y) \,, \qquad (4)$$

so geht (3) über in

$$M(\xi) = (1 - y)^N P(y) \,.$$

Wegen
$$\cos^2\left(\frac{\xi+\pi}{2}\right) = \sin^2\frac{\xi}{2} = y$$
und
$$A(\xi+\pi) = \tilde{P}(-\cos\xi) = \tilde{P}(2y-1) = \tilde{P}(1-2(1-y)) = P(1-y)$$
erhalten wir daher anstelle der Identität (2) die Formel
$$(1-y)^N P(y) + y^N P(1-y) \equiv 1 \ . \tag{5}$$
Diese Gleichung gilt zunächst für $0 \le y \le 1$; nach allgemeinen Prinzipien über holomorphe Funktionen gilt sie dann von selbst für beliebige $y \in \mathbb{C}$.

Nach dem Satz über die Partialbruchzerlegung gibt es eindeutig bestimmte Koeffizienten C_k, C'_k mit
$$\frac{1}{y^N(1-y)^N} \equiv \sum_{k=1}^{N} \frac{C_k}{y^k} + \sum_{k=1}^{N} \frac{C'_k}{(1-y)^k} \ ,$$
und aus Symmetriegründen ist $C_k = C'_k$ für alle k. In der Folge gibt es ein Polynom P_N vom Grad $\le N-1$, so daß die Identität
$$(1-y)^N P_N(y) + y^N P_N(1-y) \equiv 1$$
zutrifft, und P_N ist die einzige polynomiale Lösung von (5) mit einem Grad $\le N-1$. Nun genügt jede Lösung P von (5) auch der Identität
$$P(y) \equiv (1-y)^{-N}\bigl(1 - y^N P(1-y)\bigr) \ .$$
Für das Polynom P_N ziehen wir hieraus den Schluß
$$P_N(y) = j_0^{N-1} P_N(y) = \sum_{k=0}^{N-1} \binom{-N}{k}(-y)^k = \sum_{k=0}^{N-1} \binom{N+k-1}{k} y^k \ ; \tag{6}$$
denn der mit einem Faktor y^N belegte Anteil von P_N gibt keinen Beitrag an $j_0^{N-1} P_N$. Damit haben wir die Lösung von (5) mit dem kleinstmöglichen Grad gefunden. Es sei nun P eine beliebige Lösung von (5). Dann ist
$$(1-y)^N \bigl(P(y) - P_N(y)\bigr) + y^N \bigl(P(1-y) - P_N(1-y)\bigr) \equiv 0 \tag{7}$$
und folglich
$$P(y) - P_N(y) = y^N P^*(y)$$
für ein gewisses Polynom P^*. Setzen wir das in (7) wieder ein, so ergibt sich
$$P^*(y) + P^*(1-y) \equiv 0 \ ,$$
und das ist äquivalent mit
$$P^*(y) = R(1-2y) = R(\cos\xi), \qquad R \text{ ungerade.}$$
Da sich diese Rechnungen auch rückwärts nachvollziehen lassen, haben wir alles in allem folgendes gezeigt:

6.2 Algebraische Konstruktionen

(6.7) *Ein trigonometrisches Polynom $M(\cdot)$ genügt genau dann der Identität (2), wenn es die folgende Form hat:*

$$M(\xi) = \left(\cos^2 \frac{\xi}{2}\right)^N P\left(\sin^2 \frac{\xi}{2}\right).$$

Dabei ist
$$P(y) = P_N(y) + y^N R(1 - 2y)$$

mit einem ungeraden Polynom R.

Im Hinblick auf (1) können wir $M(\cdot)$ nur brauchen, wenn P der zusätzlichen Bedingung

$$P(y) \geq 0 \qquad (0 \leq y \leq 1)$$

genügt. Mit $P := P_N$ ist diese Bedingung offensichtlich erfüllt.

Um nun von M zu H zu kommen, müssen wir gewissermaßen „aus M die Wurzel ziehen", wobei wir uns nur um den Faktor

$$P\left(\sin^2 \frac{\xi}{2}\right) = \tilde{P}(\cos \xi) = A(\xi)$$

(vgl. (3)) zu kümmern brauchen. Für diese Aufgabe steht nun ein überraschendes Lemma von Riesz zur Verfügung. Es lautet folgendermaßen:

(6.8) *Ist*

$$A(\xi) = \sum_{k=0}^{n} a_k \cos^k \xi, \qquad a_k \in \mathbb{R}, \quad a_n \neq 0$$

und ist $A(\xi) \geq 0$ für reelle ξ, insbesondere $A(0) = 1$, dann gibt es ein trigonometrisches Polynom

$$B(\xi) = \sum_{k=0}^{n} b_k e^{-ik\xi}$$

mit reellen Koeffizienten b_k und $B(0) = 1$, so daß identisch in ξ gilt:

$$A(\xi) \equiv B(\xi) B(-\xi). \tag{8}$$

⌐ Die Funktion $A(\cdot)$ besitzt eine Produktzerlegung der Form

$$A(\xi) = a_n \prod_{j=1}^{n} (\cos \xi - c_j), \tag{9}$$

wobei die c_j reell sind oder dann in konjugiert komplexen Paaren auftreten. Wir führen mit $e^{-i\xi} =: z$ die komplexe Variable z ein; die Darstellung (9) geht damit über in

$$A(\xi) = a_n \prod_{j=1}^{n} \left(\frac{z + z^{-1}}{2} - c_j\right). \tag{10}$$

Bei der Untersuchung der hier auftretenden Faktoren benötigen wir die bekannten Eigenschaften der Abbildung $z \mapsto (z+z^{-1})/2$ sowie wiederholt die Identität

$$\frac{z+z^{-1}}{2} - \frac{s+s^{-1}}{2} \equiv -\frac{1}{2s}(z-s)(z^{-1}-s) \qquad (zs \neq 0). \tag{11}$$

(a) Ist $c_j \in \mathbb{R}$ und $|c_j| \geq 1$, so gibt es ein $s \in \mathbb{R}^*$ mit $c_j = (s+s^{-1})/2$. Mit (11) erhalten wir daher

$$\frac{z+z^{-1}}{2} - c_j = -\frac{1}{2s} \cdot (z-s) \cdot (z^{-1}-s).$$

(b) Ist $c_j \in \mathbb{R}$ und $|c_j| < 1$, so gibt es ein $s = e^{i\alpha} \neq \pm 1$ mit

$$c_j = \frac{s+s^{-1}}{2} = \cos\alpha.$$

Damit enthält $A(\xi)$ einen Faktor $\cos\xi - \cos\alpha$ mit $0 < |\alpha| < \pi$, und das ist nur dann mit $A(\xi) \geq 0$ ($\xi \in \mathbb{R}$) verträglich, wenn dieser Faktor eine gerade Anzahl mal vorkommt. Es gibt daher ein j' mit $c_{j'} = c_j$, und wir erhalten mit (11) die Identität

$$\left(\frac{z+z^{-1}}{2} - c_j\right)\left(\frac{z+z^{-1}}{2} - c_{j'}\right) = \frac{1}{4e^{2i\alpha}}(z-e^{i\alpha})(z^{-1}-e^{i\alpha})(z-e^{i\alpha})(z^{-1}-e^{i\alpha})$$

$$= \frac{1}{4}(z-e^{i\alpha})(z-e^{-i\alpha})(z^{-1}-e^{i\alpha})(z^{-1}-e^{-i\alpha})$$

$$= \frac{1}{4} \cdot (z^2 - 2z\cos\alpha + 1) \cdot (z^{-2} - 2z^{-1}\cos\alpha + 1).$$

(c) Ist $c_j \notin \mathbb{R}$, so gibt es erstens ein j' mit $c_{j'} = \overline{c_j}$ und zweitens ein $s \in \mathbb{C}^*$ mit

$$c_j = \frac{s+s^{-1}}{2}, \qquad c_{j'} = \frac{\bar{s}+\bar{s}^{-1}}{2}.$$

Mit Hilfe von (11) erhalten wir dann

$$\left(\frac{z+z^{-1}}{2} - c_j\right)\left(\frac{z+z^{-1}}{2} - c_{j'}\right)$$

$$= \frac{1}{4|s|^2}(z-s)(z^{-1}-s)(z-\bar{s})(z^{-1}-\bar{s})$$

$$= \frac{1}{4|s|^2} \cdot (z^2 - 2\mathrm{Re}(s)z + |s|^2) \cdot (z^{-2} - 2\mathrm{Re}(s)z^{-1} + |s|^2).$$

Es ist daher möglich, die in (10) auftretenden Faktoren so zu kombinieren und anders wieder aufzuteilen, daß $A(\xi)$ eine Darstellung der folgenden Art erhält:

$$A(\xi) = C\,Q(z)\,Q(z^{-1}) = C\,Q(e^{-i\xi})\,Q(e^{i\xi});$$

6.2 Algebraische Konstruktionen

dabei ist $Q(z) = \sum_{k=0}^{n} q_k z^k$ ein Polynom mit *reellen* Koeffizienten q_k, während sich die Konstante $C \in \mathbb{C}^*$ durch Zusammenfassung von a_n mit den in (a)–(c) erschienenen Vorfaktoren ergibt. Die Zusatzbedingung $A(0) = 1$ liefert $C = 1/\bigl(Q(1)\bigr)^2$. Mit $B(\xi) := Q(e^{-i\xi})/Q(1)$ folgt jetzt die Behauptung des Lemmas. $\quad\lrcorner$

Die Zerlegung (8) ist nicht eindeutig bestimmt, da in den Fällen (a) und (c) die Vertauschung $s \leftrightarrow s^{-1}$ eine andere Zerlegung des betreffenden Teilprodukts liefert. Diese Flexibilität läßt sich dazu benützen, die resultierende Skalierungsfunktion und dann auch das zugehörige Wavelet symmetrischer zu machen. Wir gehen auf diesen Punkt nicht ein.

Wird für ein gegebenes N der Einfachheit halber $P := P_N$ gewählt, so wird $A(\cdot)$ ein Polynom vom Grad $N-1$ in $\cos\xi$ und $B(\cdot)$ ein Polynom vom Grad $N-1$ in $e^{-i\xi}$. Die erzeugende Funktion

$$H(\xi) = \left(\frac{1+e^{-i\xi}}{2}\right)^N B(\xi)$$

erhält damit den Grad $2N-1$ in $e^{-i\xi}$, und als Träger der zugehörigen Skalierungsfunktion $_N\phi$ ergibt sich das Intervall $[0, 2N-1]$. Die davon abgeleiteten Wavelets $_N\psi$ heißen *Daubechies-Wavelets*.

Den Fall $N = 2$ werden wir uns im nächsten Abschnitt noch besonders vornehmen, den Fall $N = 3$ im nachfolgenden Beispiel ②. In [D], Table 6.1, sind die zu den Daubechies-Wavelets $_N\psi$ gehörenden Koeffizientenvektoren $(h_k \,|\, 0 \le k \le 2N-1)$ für $2 \le N \le 10$ auf 16 Stellen genau angegeben. In [L], Tabelle 2.3, finden sich sechsstellige Koeffizienten für N von 2 bis 5.

① Im Fall $N = 1$ erhalten wir natürlich das Haar-Wavelet. Die Formel (6) liefert $P_1(y) \equiv 1$, und damit ist auch $\tilde{P}(\cos\xi) \equiv 1$, $B(\xi) \equiv 1$. Es resultiert

$$H(\xi) = \frac{1}{2}(1 + e^{-i\xi}),$$

in Übereinstimmung mit 5.3.(21). $\quad\bigcirc$

② Wir nehmen uns den Fall $N = 3$ vor und wählen

$$P(y) := P_3(y) = \binom{2}{0} + \binom{3}{1}y + \binom{4}{2}y^2 = 1 + 3y + 6y^2\,.$$

Mit

$$y = \sin^2\frac{\xi}{2} = \frac{1}{4}(-e^{-i\xi} + 2 - e^{i\xi}), \qquad y^2 = \frac{1}{16}(e^{-2i\xi} - 4e^{-i\xi} + 6 - 4e^{i\xi} + e^{2i\xi})$$

und (4) erhalten wir dann

$$A(\xi) = \frac{3}{8}e^{-2i\xi} - \frac{9}{4}e^{-i\xi} + \frac{19}{4} - \cdots\,.$$

Bild 6.2 zeigt, daß $A(\xi)$ durchwegs ≥ 0 ist, so daß es einen Sinn hat, mit der Rechnung fortzufahren. Für $B(\cdot)$ müssen wir den Ansatz $B(\xi) = b_0+b_1e^{-i\xi}+b_2e^{-2i\xi}$ machen und dann in

$$(b_0 + b_1e^{-i\xi} + b_2e^{-2i\xi})(b_0 + b_1e^{i\xi} + b_2e^{2i\xi}) = \frac{3}{8}e^{-2i\xi} - \frac{9}{4}e^{-i\xi} + \frac{19}{4} - \ldots$$

die Koeffizienten bei $e^{-2i\xi}$, $e^{-i\xi}$ und 1 vergleichen. Dies liefert die drei Gleichungen

$$b_2 b_0 = \frac{3}{8}, \qquad b_1 b_0 + b_2 b_1 = -\frac{9}{4} \qquad b_0^2 + b_1^2 + b_2^2 = \frac{19}{4}. \qquad (12)$$

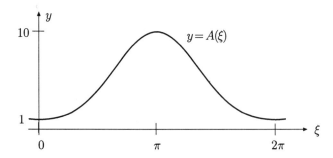

Bild 6.2

Wegen $A(0) = P(0) = 1$ garantiert Lemma **(6.8)**, daß wir reelle Lösungen (b_0, b_1, b_2) finden werden, die überdies der Bedingung $b_0 + b_1 + b_2 = 1$ genügen. Verwenden wir diese Bedingung zur Elimination von $b_0 + b_2$ aus der mittleren Gleichung (12), so erhalten wir für b_1 die quadratische Gleichung $b_1^2 - b_1 - \frac{9}{4} = 0$, die die Werte

$$b_1 = \frac{1 \pm \sqrt{10}}{2}, \qquad b_0 + b_2 = \frac{1 \mp \sqrt{10}}{2}$$

liefert. Wir überlassen es dem Leser, das obere Vorzeichen weiter zu verfolgen; es führt auf komplexe b_0 und b_2. Damit ist definitiv $b_1 = (1 - \sqrt{10})/2$, und wegen der ersten Gleichung (12) sind b_0 und b_2 die beiden Lösungen der quadratischen Gleichung

$$x^2 - \frac{1 + \sqrt{10}}{2}x + \frac{3}{8} = 0.$$

Wir wählen willkürlich eine der beiden möglichen Zuordnungen und erhalten

6.2 Algebraische Konstruktionen

$$B(\xi) = \frac{1 + \sqrt{10} + \sqrt{5 + 2\sqrt{10}}}{4} + \frac{1 - \sqrt{10}}{2} e^{-i\xi} + \frac{1 + \sqrt{10} - \sqrt{5 + 2\sqrt{10}}}{4} e^{-2i\xi},$$

woraus sich schließlich

$$\begin{aligned} H(\xi) &= \left(\frac{1 + e^{-i\xi}}{2}\right)^3 B(\xi) \\ &= \frac{1}{8}(1 + 3e^{-i\xi} + \ldots)\left(\frac{1 + \sqrt{10} + \sqrt{5 + 2\sqrt{10}}}{4} + \frac{1 - \sqrt{10}}{2} e^{-i\xi} + \ldots\right) \\ &= \frac{1 + \sqrt{10} + \sqrt{5 + 2\sqrt{10}}}{32} + \frac{5 + \sqrt{10} + 3\sqrt{5 + 2\sqrt{10}}}{32} e^{-i\xi} + \ldots \end{aligned}$$

ergibt. Dies reicht schon zur Bestimmung von h_0 und h_1:

$$h_0 = \sqrt{2}\, \frac{1 + \sqrt{10} + \sqrt{5 + 2\sqrt{10}}}{32} = 0.33267\ldots$$

$$h_1 = \sqrt{2}\, \frac{5 + \sqrt{10} + 3\sqrt{5 + 2\sqrt{10}}}{32} = 0.80689\ldots,$$

im Einklang mit Tabelle 5.4.(8). Wir überlassen es dem Leser, auch noch die restlichen h_k zu berechnen und sich damit vollständig zu überzeugen, daß wir tatsächlich den Koeffizientenvektor $h_\cdot$ zum Daubechies-Wavelet $_3\psi$ bestimmt haben. Die Funktionen $_3\phi$ und $_3\psi$ sind in den Bildern 6.3–4 zu sehen. ○

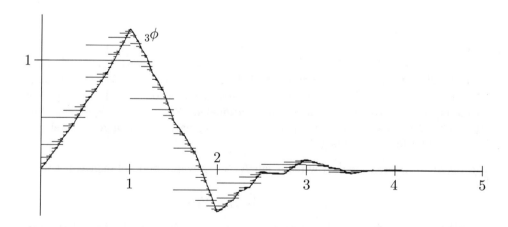

Bild 6.3 Die Daubechies-Skalierungsfunktion $_3\phi$

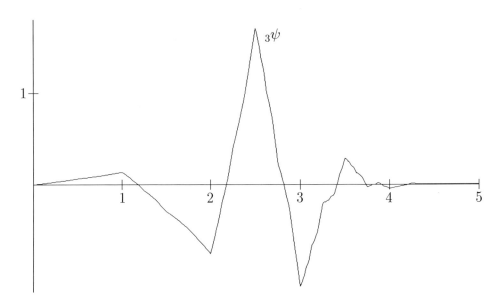

Bild 6.4   Das Daubechies-Wavelet $_3\psi$

6.3 Binäre Interpolation

In den beiden vorangehenden Abschnitten haben wir Skalierungsfunktionen und zugehörige Wavelets mit Hilfe von Konstruktionen im Fourier-Bereich erhalten, ferner als Grenzfunktionen eines Iterationsprozesses, wobei allerdings das Konvergenzverhalten im Zeitbereich unerörtert blieb. Es gibt noch eine dritte, sogenannt „direkte" Methode zur Konstruktion von Skalierungsfunktionen ϕ, die von Anfang an die exakten Werte $\phi(x)$ in allen „dual rationalen" Punkten $x \in \mathbb{R}$ liefert. Mit Hilfe dieser Methode erhält man auch die besten Regularitätsaussagen zum Beispiel für die Daubechies-Wavelets $_N\psi$.

Um Ideen zu fixieren, denken wir uns ein $N \geq 1$ gewählt und nehmen von vorneherein

$$a(h_\cdot) = 0\,, \qquad b(h_\cdot) = 2N-1$$

an, wie für die Daubechies-Wavelets vereinbart; die Skalierungsgleichung hat dann die Form

$$\phi(t) = \sqrt{2} \sum_{k=0}^{2N-1} h_k\, \phi(2t-k)\,, \qquad h_0\, h_{2N-1} \neq 0\,. \tag{1}$$

6.3 Binäre Interpolation

Im weiteren sei zur Abkürzung

$$\{0, 1, \ldots, 2N - 1\} =: J, \qquad \mathbb{R}^J =: X$$

gesetzt. Für die Beschreibung der „dual rationalen" Zahlen, kurz: *Binärzahlen*, verwenden wir die naheliegenden Bezeichnungen

$$\{k \cdot 2^{-r} \mid k \in \mathbb{Z}\} =: \mathbb{D}_r \quad (r \in \mathbb{N}), \qquad \bigcup_{r \geq 0} \mathbb{D}_r =: \mathbb{D}.$$

Damit gelten die Inklusionen

$$\mathbb{Z} = \mathbb{D}_0 \subset \mathbb{D}_1 \subset \ldots \subset \mathbb{D}_r \subset \mathbb{D}_{r+1} \subset \ldots \subset \mathbb{D},$$

und $\mathbb{D}$ liegt dicht in $\mathbb{R}$.

Grundlage der „direkten" Methode sind folgende einfache Tatsachen:

- Ist $t \in \mathbb{D}_r$ für ein $r \geq 1$, so liegen die Zahlen $2t - k$ ($k \in J$) in $\mathbb{D}_{r-1}$.
- Ist $t < 0$, so sind die Zahlen $2t - k$ ($k \in J$) ebenfalls < 0.
- Ist $t > 2N - 1$, so sind die Zahlen $2t - k$ ($k \in J$) ebenfalls $> 2N - 1$.

Hiernach erlaubt die Skalierungsgleichung (1), die Werte von ϕ auf

$$\mathbb{D}_1 \setminus \mathbb{D}_0, \quad \mathbb{D}_2 \setminus \mathbb{D}_1, \quad \mathbb{D}_3 \setminus \mathbb{D}_2, \quad \ldots$$

und damit auf ganz $\mathbb{D}$ sukzessive zu berechnen, wenn diese Werte auf $\mathbb{D}_0 = \mathbb{Z}$ einmal bestimmt sind. Und weiter: Ist von vornherein $\phi(k) = 0$ für $k \in \mathbb{Z}_{<0}$ und $k \in \mathbb{Z}_{>2N-1}$, so wird automatisch $\phi(t) = 0$ für alle $t \in \mathbb{D}_{<0} \cup \mathbb{D}_{>2N-1}$. (In Wirklichkeit ist auch $\phi(0) = \phi(2N - 1) = 0$; das wird sich bei der Bestimmung von $\phi \restriction \mathbb{Z}$ von selbst ergeben.)

Was nun $\phi \restriction \mathbb{Z}$ betrifft, so ist jedenfalls die pauschale Festsetzung

$$\phi(k) := 0 \qquad (k \in \mathbb{Z} \setminus J)$$

mit (1) verträglich. Damit verbleiben wir mit dem homogenen Gleichungssystem $\phi(j) = \sqrt{2} \sum_k h_k \phi(2j - k)$, oder anders geschrieben:

$$\phi(j) = \sqrt{2} \sum_{k=0}^{2N-1} h_{2j-k} \phi(k) \qquad (0 \leq j \leq 2N - 1), \tag{2}$$

für den Vektor $(\phi(j) \mid j \in J) =: \mathbf{a}$. Die $(J \times J)$-Matrix

$$B = [B_{jk}], \qquad B_{jk} := \sqrt{2} \, h_{2j-k} \quad ((j,k) \in J \times J)$$

müßte also einen Eigenvektor $\mathbf{a}$ zum Eigenwert 1 haben. Wir behaupten:

(6.9) *Die Matrix B besitzt jedenfalls den Eigenwert 1. Ist dieser Eigenwert einfach, so gibt es genau einen zugehörigen Eigenvektor $\mathbf{a}$ mit*

$$\sum_{k \in J} a_k = 1 \; . \tag{3}$$

⌈ Zur Veranschaulichung schreiben wir die Matrix B für den Fall $N := 3$ explizit hin:

$$B = \sqrt{2} \begin{bmatrix} h_0 & 0 & 0 & 0 & 0 & 0 \\ h_2 & h_1 & h_0 & 0 & 0 & 0 \\ h_4 & h_3 & h_2 & h_1 & h_0 & 0 \\ 0 & h_5 & h_4 & h_3 & h_2 & h_1 \\ 0 & 0 & 0 & h_5 & h_4 & h_3 \\ 0 & 0 & 0 & 0 & 0 & h_5 \end{bmatrix} . \tag{4}$$

Wir argumentieren über die Kolonnensummen von B. Dazu betrachten wir nocheinmal die erzeugende Funktion H, gegeben durch 5.3.(3). Wegen

$$0 = H(\pi) = \frac{1}{\sqrt{2}} \sum_k h_k (-1)^k$$

folgt zusätzlich zu **(5.5)** die Gleichung

$$\sum_l h_{2l} - \sum_l h_{2l+1} = 0 \, ,$$

so daß wir im ganzen

$$\sum_l h_{2l} = \sum_l h_{2l+1} = \frac{1}{\sqrt{2}}$$

erhalten. Ein Blick auf (4) zeigt, daß hiernach die Matrix B (jedenfalls für $N = 3$) konstante Kolonnensummen 1 besitzt. Das gilt natürlich allgemein:

$$\sum_{j=0}^{2N-1} B_{jk} = \sqrt{2} \sum_{j=0}^{2N-1} h_{2j-k} = \begin{cases} \sqrt{2} \sum_l h_{2l} = 1 & (k \text{ gerade}) \\ \sqrt{2} \sum_l h_{2l+1} = 1 & (k \text{ ungerade}) \end{cases} ,$$

wobei man sich leicht davon überzeugt, daß für jedes $k \in J$ über sämtliche $h_{2l} \neq 0$ bzw. $h_{2l+1} \neq 0$ summiert wird. Der vorgefundene Sachverhalt läßt sich folgendermaßen interpretieren: Der Vektor $\mathbf{e} := (1 \mid j \in J)$ ist ein Eigenvektor zum Eigenwert 1 der Matrix B'. Dann besitzt natürlich auch B den Eigenwert 1 sowie einen zugehörigen Eigenvektor $\mathbf{a} \neq 0$.

Nach allgemeinen Prinzipien (siehe [6], §58, Theorem 1) gibt es zwei invariante Unterräume U und V von B mit $U \oplus V = X$, so daß $B - \mathbf{1}_X$ auf U nilpotent und auf V invertibel ist. Das charakteristische Polynom $q(\lambda)$ von B besitzt somit eine Zerlegung $q(\lambda) = (\lambda - 1)^m q_1(\lambda)$ mit $m := \dim(U)$. Nach Voraussetzung über $q(\cdot)$ ist aber $m = 1$; folglich ist $U = \,<\mathbf{a}>$ und $\dim(V) = \dim(X) - 1$.

6.3 Binäre Interpolation

Zu jedem $y \in V$ gibt es ein $x \in V$ mit $y = Bx - x$, und hieraus folgt

$$\langle \mathbf{e}, y \rangle = \langle \mathbf{e}, Bx \rangle - \langle \mathbf{e}, x \rangle = \langle B'\mathbf{e}, x \rangle - \langle \mathbf{e}, x \rangle = 0 \ .$$

Dies beweist $V \subset <\mathbf{e}>^{\perp}$, und aus Dimensionsgründen ist dann $V = <\mathbf{e}>^{\perp}$. Wegen $\mathbf{a} \notin V$ ist daher

$$\sum_{k \in J} a_k = \langle \mathbf{e}, \mathbf{a} \rangle \neq 0 \ ,$$

und die betrachtete Summe läßt sich zu 1 normieren. ⌋

Die Bedingung (3) bzw. $\sum_{k \in J} \phi(k) = 1$ kommt nicht von ungefähr. Es gilt nämlich der folgende Satz (vgl. **(6.1)**):

(6.10) *Die erzeugende Funktion H genüge den Voraussetzungen von* **(6.1)**, *und es sei $\widehat{\phi} \in L^2$ definiert durch das unendliche Produkt 6.1.(2). Ist ϕ in Wirklichkeit eine stetige Funktion, die einer Abschätzung der Form*

$$|\phi(t)| \leq \frac{C}{1+t^2} \qquad (t \in \mathbb{R})$$

genügt, so gilt

$$\sum_k \phi(x-k) \equiv 1 \qquad (x \in \mathbb{R}) \ . \tag{5}$$

⌈ Nach Voraussetzung über ϕ ist

$$g(x) := \sum_k \phi(x-k)$$

eine stetige periodische Funktion der Periode 1 mit Fourier-Koeffizienten

$$c_j = \int_0^1 g(x) e^{-2j\pi i x} dx = \sum_k \int_0^1 \phi(x-k) e^{-2j\pi i(x-k)} dx$$

$$= \int \phi(x) e^{-2j\pi i x} dx = \sqrt{2\pi}\, \widehat{\phi}(2j\pi) = \delta_{0j} \qquad (j \in \mathbb{Z}) \ ,$$

wobei wir zuletzt 6.1.(15) benützt haben. Hiernach ist g konstant und hat den behaupteten Wert. ⌋

Die Daubechies-Skalierungsfunktionen $_N\phi$ sind für $N \geq 2$ stetig. Dies werden wir für $N = 2$ tatsächlich beweisen; für den allgemeinen Fall verweisen wir auf [D], Chapter 7, sowie [4] oder [7]. Die $_N\phi$ (auch $_1\phi = \phi_{\text{Haar}}$) genügen daher ihrer jeweiligen Skalierungsgleichung (1) identisch in t; ferner gilt für sie (5).

Die numerische Konstruktion von $_N\phi$ spielt sich also im ganzen folgendermaßen ab: Aus übergreifenden Gründen besitzt das System (2) eine Lösung $(\phi(j) \,|\, j \in J) =: \mathbf{a}$

mit $\sum_{k\in J}\phi(k) = 1$. Ist die Vielfachheit des Eigenwerts 1 von B tatsächlich 1, so ist damit $_N\phi\lceil\mathbb{Z}$ eindeutig bestimmt, und mit Hilfe des geschilderten Rekursionsverfahrens läßt sich $_N\phi$ sukzessive in allen Punkten $x \in \mathbb{D}$ berechnen. Für die graphische Darstellung von $_N\phi$ reicht das natürlich vollkommen aus. Es geht aber noch weiter: Im Grundsatz ist jetzt $_N\phi(x)$ an jeder Stelle $x \in \mathbb{R}$ mindestens als Grenzwert verfügbar, da $_N\phi$ stetig ist und $\mathbb{D}$ in $\mathbb{R}$ dicht liegt.

Wie angekündigt, beweisen wir zum Schluß:

(6.11) *Die Daubechies-Skalierungsfunktion $_2\phi$ ist stetig.*

Beim Beweis machen wir von dem hier besprochenen Rekursionsverfahren Gebrauch, wobei wir allerdings (5) nicht benützen dürfen, sondern mitbeweisen werden. Wir folgen dabei im wesentlichen der Darstellung [14].

⌈ Wir beginnen wie in Beispiel 6.2.②: Gemäß 6.2.(6) ist

$$P(y) := P_2(y) = \binom{1}{0} + \binom{2}{1}y = 1 + 2y$$

und folglich

$$A(\xi) = P_2\left(\sin^2\frac{\xi}{2}\right) = 1 + 2\sin^2\frac{\xi}{2} = 2 - \cos\xi \ .$$

Hierauf müssen wir nun das Lemma von Riesz **(6.8)** anwenden. Werden in der angestrebten Identität

$$(b_0 + b_1 e^{-i\xi})(b_0 + b_1 e^{i\xi}) \equiv 2 - \frac{1}{2}(e^{i\xi} + e^{-i\xi})$$

die Koeffizienten verglichen, so resultieren die beiden Gleichungen

$$b_0^2 + b_1^2 = 1, \qquad b_0 b_1 = -\frac{1}{2} \ .$$

Wir wählen die Lösung $(b_0, b_1) = \bigl((1+\sqrt{3})/2,\ (1-\sqrt{3})/2\bigr)$ und haben dann

$$H(\xi) = \left(\frac{1+e^{-i\xi}}{2}\right)^2 B(\xi) = \frac{1}{8}(1 + 2e^{-i\xi} + e^{-2i\xi})(1 + \sqrt{3} + (1-\sqrt{3})e^{-i\xi})$$
$$= \frac{1}{8}\bigl(1+\sqrt{3} + (3+\sqrt{3})e^{-i\xi} + (3-\sqrt{3})e^{-2i\xi} + (1-\sqrt{3})e^{-3i\xi}\bigr) \ ,$$

womit auch $H(0) = 1$ sichergestellt ist. Der Koeffizientenvektor $h_{\bullet}$ läßt sich daher folgendermaßen tabellieren:

$$h_0 = \frac{1}{\sqrt{2}}\frac{1+\sqrt{3}}{4} = .4829629131445341$$

$$h_1 = \frac{1}{\sqrt{2}}\frac{3+\sqrt{3}}{4} = .8365163037378079$$

$$h_2 = \frac{1}{\sqrt{2}}\frac{3-\sqrt{3}}{4} = .2241438680420134$$

$$h_3 = \frac{1}{\sqrt{2}}\frac{1-\sqrt{3}}{4} = -.1294095225512604 \ .$$

6.3 Binäre Interpolation

Die weiteren Rechnungen werden sich im Zahlbereich

$$\mathbb{D}[\sqrt{3}] := \{x + y\sqrt{3} \mid x, y \in \mathbb{D}\}$$

abspielen. $\mathbb{D}[\sqrt{3}]$ ist offensichtlich ein Ring, und die Konjugation (komplexe Zahlen kommen in diesem Abschnitt nicht vor)

$$z = x + y\sqrt{3} \mapsto \bar{z} := x - y\sqrt{3} \qquad (x, y \in \mathbb{D})$$

ist ein Automorphismus von $\mathbb{D}[\sqrt{3}]$, der die Zahlen des Grundrings $\mathbb{D}$ festhält. Wir setzen noch

$$a := \frac{1+\sqrt{3}}{4} = .6830\ldots, \quad \bar{a} = \frac{1-\sqrt{3}}{4} = -.1830\ldots .$$

Mit diesen Bezeichnungen geht die Skalierungsgleichung (1) über in

$$\phi(t) = a\phi(2t) + (1-\bar{a})\phi(2t-1) + (1-a)\phi(2t-2) + \bar{a}\phi(2t-3), \qquad (6)$$

und aus dem Gleichungssystem (2) wird

$$\begin{bmatrix} \phi(0) \\ \phi(1) \\ \phi(2) \\ \phi(3) \end{bmatrix} = \begin{bmatrix} a & & & \\ 1-a & 1-\bar{a} & a & \\ & \bar{a} & 1-a & 1-\bar{a} \\ & & & \bar{a} \end{bmatrix} \begin{bmatrix} \phi(0) \\ \phi(1) \\ \phi(2) \\ \phi(3) \end{bmatrix} . \qquad (7)$$

Das System (7) besitzt genau eine Lösung, die auch noch die Bedingung (3) erfüllt, nämlich

$$\begin{bmatrix} \phi(0) \\ \phi(1) \\ \phi(2) \\ \phi(3) \end{bmatrix} = \begin{bmatrix} 0 \\ 2a \\ 2\bar{a} \\ 0 \end{bmatrix} .$$

Wie vereinbart, setzen wir $\phi(k) := 0$ für alle übrigen $k \in \mathbb{Z}$. Dann ist $\phi(\cdot)$ durch (6) rekursiv auf ganz $\mathbb{D}$ bestimmt. Wir behaupten, daß $\phi \restriction \mathbb{D}$ die folgenden Eigenschaften besitzt:

(6.12) *Für alle $x \in \mathbb{D}$ gilt*

(a) $\phi(x) \in \mathbb{D}[\sqrt{3}]$,

(b) $\phi(3-x) = \overline{\phi(x)}$,

(c) $\sum_k \phi(x-k) = 1$,

(d) $\sum_k k\,\phi(x-k) = x - 2a - 4\bar{a}$.

$\ulcorner$ Für $x \in \mathbb{D}_0 = \mathbb{Z}$ treffen (a)–(c) zu. Zur Verifikation von (d)$\restriction \mathbb{Z}$ schreiben wir $\phi \restriction \mathbb{Z}$ in der Form

$$\phi(x) = 2a\,\delta_{x1} + 2\bar{a}\,\delta_{x2} \qquad (x \in \mathbb{Z}) .$$

Dann ist
$$\phi(x-k) = 2a\,\delta_{x-k,1} + 2\bar{a}\,\delta_{x-k,2} = 2a\,\delta_{x-1,k} + 2\bar{a}\,\delta_{x-2,k} \qquad (x,k \in \mathbb{Z}),$$
und für beliebige $x \in \mathbb{Z}$ ergibt sich so die Gleichungskette
$$\sum_k k\,\phi(x-k) = 2a\sum_k k\,\delta_{x-1,k} + 2\bar{a}\sum_k k\,\delta_{x-2,k} = 2a(x-1) + 2\bar{a}(x-2)$$
$$= x - 2a - 4\bar{a}\,.$$

Wir nehmen nun an, die Relationen (a)–(d) treffen für alle $x \in \mathbb{D}_r$ zu, und betrachten ein beliebiges $t \in \mathbb{D}_{r+1}$. Sämtliche Zahlen $2t-k$ liegen in $\mathbb{D}_r$; an (6) ist daher unmittelbar abzulesen, daß auch $\phi(t) \in \mathbb{D}[\sqrt{3}]$ liegt. Für (b) und (c) hat man

$$\phi(3-t) = a\phi(6-2t) + (1-\bar{a})\phi(5-2t) + (1-a)\phi(4-2t) + \bar{a}\phi(3-2t)$$
$$= a\,\overline{\phi(2t-3)} + (1-\bar{a})\,\overline{\phi(2t-2)} + (1-a)\,\overline{\phi(2t-1)} + \bar{a}\,\overline{\phi(2t)} = \overline{\phi(t)}$$

und

$$\sum_k \phi(t-k) = \sum_k \Big(a\phi(2t-2k) + (1-\bar{a})\phi(2t-2k-1)$$
$$+ (1-a)\phi(2t-2k-2) + \bar{a}\phi(2t-2k-3)\Big)$$
$$= \big(a + (1-a)\big)\sum_k \phi(2t-2k) + \big((1-\bar{a}) + \bar{a}\big)\sum_k \phi(2t-2k-1)$$
$$= \sum_l \phi(2t-l) = 1\,.$$

Und schließlich der Induktionsschritt für (d):

$$\sum_k k\,\phi(t-k)$$
$$= \sum_k k\,\Big(a\phi(2t-2k) + (1-\bar{a})\phi(2t-2k-1)$$
$$+ (1-a)\phi(2t-2k-2) + +\bar{a}\phi(2t-2k-3)\Big)$$
$$= \sum_k \big(a\,k + (1-a)(k-1)\big)\phi(2t-2k) + \sum_k \big((1-\bar{a})k + \bar{a}(k-1)\big)\phi(2t-2k-1)$$
$$= \frac{1}{2}\sum_k (2k + 2a - 2)\phi(2t-2k) + \frac{1}{2}\sum_k \big((2k+1) - 1 - 2\bar{a}\big)\phi(2t-2k-1)$$
$$= \frac{1}{2}\sum_l l\,\phi(2t-l) + (a-1)\sum_l \phi(2t-l) = \frac{1}{2}(2t - 2a - 4\bar{a}) + a - 1$$
$$= t - 2a - 4\bar{a}\,;$$

dabei haben wir wiederholt $2a + 2\bar{a} = 1$ benützt. ⌟

6.3 Binäre Interpolation

Angesichts dieses Induktionsbeweises erscheint Eigenschaft (d) wie ein Wunder. In Wirklichkeit läßt sich (d) aus allgemeinen Prinzipien herleiten, ähnlich, wie wir ja auch die Formel (c) in Satz **(6.10)** theoretisch begründet haben.

Betrachten wir die Formeln **(6.12)**(c) und (d) speziell für $0 \le x \le 1$, so erhalten wir wegen $\mathrm{supp}(\phi) = [0,3]$ die beiden Gleichungen

$$\phi(x) + \phi(x+1) + \phi(x+2) = 1$$
$$-\phi(x+1) - 2\phi(x+2) = x - 2a - 4\bar{a},$$

und hieraus ergeben sich durch Elimination die Formeln

$$\left.\begin{array}{rl} \phi(x+1) &= -2\phi(x) + x + 2a \\ \phi(x+2) &= \phi(x) - x + 2\bar{a} \end{array}\right\} \quad (x \in \mathbb{D},\ 0 \le x \le 1)\ . \tag{8}$$

Wir bleiben für einen Moment beim x-Intervall $[0,1]$. Die Skalierungsgleichung vereinfacht sich hier wegen $\mathrm{supp}(\phi) = [0,3]$ zu

$$\phi(x) = \begin{cases} a\phi(2x) & (x \in \mathbb{D},\ 0 \le x \le \tfrac{1}{2}) \\ a\phi(2x) + (1-\bar{a})\phi(2x-1) & (x \in \mathbb{D},\ \tfrac{1}{2} \le x \le 1) \end{cases}\ . \tag{9}$$

Hier soll nun die zweite Zeile etwas umgeschrieben werden. Ist $\tfrac{1}{2} \le x \le 1$, so ist $2x = u+1$ für ein $u \in [0,1]$; mit Hilfe der ersten Formel (8) ergibt sich daher

$$\phi(2x) = \phi(u+1) = -2\phi(u) + u + 2a = -2\phi(2x-1) + 2x - 1 + 2a$$

und folglich

$$a\phi(2x) + (1-\bar{a})\phi(2x-1) = (-2a + 1 - \bar{a})\phi(2x-1) + 2ax - a + 2a^2$$
$$= \bar{a}\phi(2x-1) + 2ax + \frac{1}{4}\ .$$

Wir können daher (9) ersetzen durch

$$\phi(x) = \begin{cases} a\,\phi(2x) & (x \in \mathbb{D},\ 0 \le x \le \tfrac{1}{2}) \\ \bar{a}\,\phi(2x-1) + 2ax + \tfrac{1}{4} & (x \in \mathbb{D},\ \tfrac{1}{2} \le x \le 1) \end{cases}\ . \tag{10}$$

Damit haben wir ein Reproduktionsschema für ϕ erhalten, das sich nur auf das Intervall $[0,1]$ bezieht. Dabei erscheint auf der rechten Seite jeweils ein einziger ϕ-Term, und zwar mit einem Koeffizienten vom Betrag < 1. Dieser Umstand bildet nun die Grundlage für den Stetigkeitsbeweis.

Es bezeichne $\mathcal{X}$ den Raum aller stetigen Funktionen $f\colon [0,1] \to \mathbb{R}$, die an den Stellen 0 und 1 bzw. die Werte 0 und $2a$ annehmen, versehen mit der Metrik

$$d(f,g) := \sup_{0 \le x \le 1} |f(x) - g(x)|\ .$$

Nach allgemeinen Prinzipien ist $\mathcal{X}$ ein vollständiger metrischer Raum. Wir behaupten:

(6.13) *Durch die Festsetzung*

$$Tf(x) := \begin{cases} a\,f(2x) & (0 \le x \le \tfrac{1}{2}) \\ \bar{a}\,f(2x-1) + 2ax + \tfrac{1}{4} & (\tfrac{1}{2} \le x \le 1) \end{cases} \tag{11}$$

wird eine kontrahierende Abbildung $T\colon \mathcal{X} \to \mathcal{X}$ *erklärt, und zwar gilt*

$$d(Tf, Tg) \le a\, d(f,g) \qquad \forall f, g \in \mathcal{X}\,. \tag{12}$$

⌐ Ist $f(0) = 0$ und $f(1) = 2a$, so wird auch $Tf(0) = 0$ und $Tf(1) = 2a$; ferner ist $Tf(\tfrac{1}{2}) = 2a^2$, und zwar unabhängig davon, ob dieser Wert mit Hilfe der ersten oder der zweiten Zeile von (11) berechnet wird. Weiter: Ist $f \in \mathcal{X}$, so zeigt ein Blick auf (11), daß Tf auf jedem der beiden Halbintervalle $[0, \tfrac{1}{2}]$ und $[\tfrac{1}{2}, 1]$ stetig ist; folglich ist Tf auf ganz $[0,1]$ stetig. Damit ist erwiesen, daß T eine Abbildung von $\mathcal{X}$ nach $\mathcal{X}$ ist.

Es seien nun f und g zwei beliebige Funktionen in $\mathcal{X}$. Für $0 \le x \le \tfrac{1}{2}$ hat man

$$|Tf(x) - Tg(x)| = a\,|f(2x) - g(2x)| \le a\, d(f,g)\,,$$

und für $\tfrac{1}{2} \le x \le 1$ gilt

$$|Tf(x) - Tg(x)| = \left|\left(\bar{a}\,f(2x-1) + 2ax + \tfrac{1}{4}\right) - \left(\bar{a}\,g(2x-1) + 2ax + \tfrac{1}{4}\right)\right|$$
$$= |\bar{a}|\,|f(2x-1) - g(2x-1)| \le |\bar{a}|\,d(f,g)\,.$$

Wegen $|\bar{a}| < a\ (< 1)$ gilt hiernach $|Tf(x) - Tg(x)| \le a\,d(f,g)$ für alle $x \in [0,1]$, und (12) ist erwiesen. ⌐

Nach dem allgemeinen Fixpunktsatz gibt es eine Funktion $f^* \in \mathcal{X}$ mit $Tf^* = f^*$. Dieses f^* stimmt in den Punkten von $\mathbb{D} \cap [0,1]$ mit dem vorher betrachteten ϕ überein, da f^* an den Stellen 0 und 1 dieselben Werte hat wie ϕ und (11) für $f := f^*$ ($\Rightarrow Tf = f^*$) in das Reproduktionsschema (10) der Funktion $\phi\!\restriction\!(\mathbb{D}\cap[0,1])$ übergeht. Unser $\phi\colon \mathbb{D} \to \mathbb{R}$ besitzt daher im Bereich $0 \le x \le 1$ eine stetige Fortsetzung auf ganz $[0,1]$. Mit (8) ergibt sich weiter, daß auch in den Intervallen $[1,2]$ und $[2,3]$ derartige Fortsetzungen existieren, und außerhalb $[0,3]$ ist $\phi(x) :\equiv 0$ trivialerweise eine stetige Fortsetzung. Wir fassen zusammen:

(6.14) *Es gibt genau eine stetige Funktion* $\phi\colon \mathbb{R} \to \mathbb{R}$ *mit Träger* $[0,3]$, *die identisch in* x *den folgenden Gleichungen genügt:*

(a) $\phi(x) = \sum_{k=0}^{3} h_k\,\phi(x - 2k)\,,$

(b) $\sum_k \phi(x-k) = 1\,,$

(c) $\sum_k k\,\phi(x-k) = x - \dfrac{3-\sqrt{3}}{2}\,.$

⌐ (a) Die Funktion $u(x) := \phi(x) - \sum_{k=0}^{3} h_k\,\phi(2x-k)$ ist stetig und in allen Punkten von $\mathbb{D}$ gleich 0; folglich ist $u(x) \equiv 0$.

6.3 Binäre Interpolation

Die linke Seite von (b) ist in jedem beschränkten x-Intervall eine endliche Summe und folglich eine stetige Funktion $v(\cdot)$, die überdies nach **(6.12)**(c) in den Punkten von $\mathbb{D}$ den Wert 1 annimmt. Folglich ist $v(x) \equiv 1$. — Analog folgt aus **(6.12)**(d) die Identität (c). ⌐

Dieses ϕ ist nun in der Tat die Daubechies-Skalierungsfunktion $_2\phi$. Aus **(6.14)**(a) folgt nämlich

$$\widehat{\phi}(\xi) = H\left(\frac{\xi}{2}\right) \widehat{\phi}\left(\frac{\xi}{2}\right) \qquad (\xi \in \mathbb{R}),$$

und mit **(6.14)**(b) ergibt sich

$$\sqrt{2\pi}\,\widehat{\phi}(0) = \int_0^3 \phi(x)\,dx = \int_0^1 \sum_{k=0}^2 \phi(x+k)\,dx = \int_0^1 \sum_k \phi(x+k)\,dx = 1\,.$$

Dann gilt aber 6.1.(2). Somit ist die hier konstruierte Funktion ϕ die „Originalversion" der bisher nur als $\widehat{\phi}$ verfügbaren Skalierungsfunktion zum Koeffizientenvektor $(h_0, \ldots, h_3)$, und die haben wir mit $_2\phi$ bezeichnet. ⌐

Die Bilder 6.5 und 6.6 von $_2\phi$ und dem zugehörigen Daubechies-Wavelet $_2\psi$ sind mit Hilfe des beschriebenen Rekursionsverfahrens hergestellt worden; dabei wurden je $3 \cdot 256$ Funktionswerte berechnet.

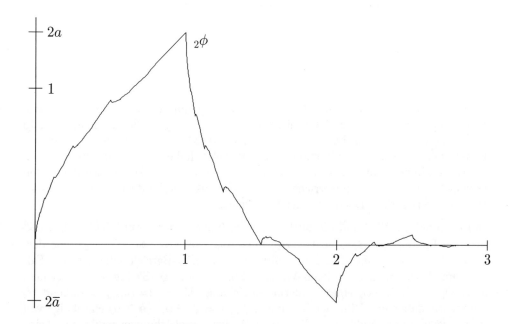

Bild 6.5 Die Daubechies-Skalierungsfunktion $_2\phi$

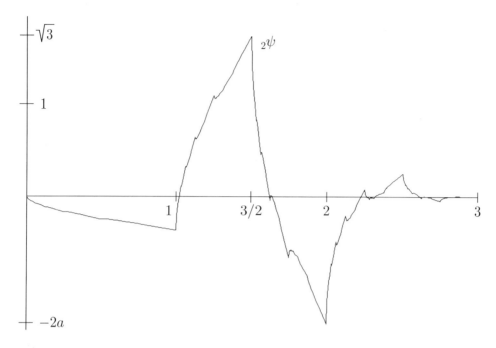

Bild 6.6   Das Daubechies-Wavelet $_2\psi$

6.4 Spline-Wavelets

In diesem letzten Abschnitt konstruieren wir die sogenannten *Battle-Lemarié-Wavelets*. Das Ausgangsmaterial für diese Wavelets sind Spline-Funktionen, weshalb sie gelegentlich auch *Spline-Wavelets* genannt werden, obwohl sie keine Spline-Funktionen mehr sind. Die Battle-Lemarié-Wavelets haben auch — im Widerspruch zur Kapitelüberschrift — keinen kompakten Träger; trotzdem können wir den in den vorangehenden Abschnitten errichteten Formalismus auch für die Behandlung dieser Wavelets verwenden. Doch alles der Reihe nach!

Ein nochmaliger Blick auf die Skalierungsgleichung in der Form 5.3.(4) zeigt, daß mit den Paaren $(\widehat{\phi}_1, H_1)$ und $(\widehat{\phi}_2, H_2)$ auch das Paar $(\widehat{\phi}_1 \cdot \widehat{\phi}_2, H_1 \cdot H_2)$ eine derartige Gleichung erfüllt. Der Multiplikation im Fourier-Bereich entspricht die Faltung im Zeitbereich; in anderen Worten: Sind ϕ_1 und ϕ_2 Skalierungsfunktionen, so genügt auch $\phi_1 * \phi_2$ einer Skalierungsgleichung. Mit $\phi_0 := \phi_{\text{Haar}}$ beginnend erhalten wir daher mit Hilfe der Rekursion $\phi_{n+1} := \phi_0 * \phi_n$ $(n \geq 0)$ eine Folge von immer reguläreren Funktionen, die a priori Skalierungsgleichungen genügen und sich vielleicht zur Konstruktion von Wavelets aufbereiten lassen.

6.4 Spline-Wavelets

Wir wechseln die Bezeichnungsweise; denn die dabei entstehenden Funktionen sind in der numerischen Mathematik schon früher auf den Plan getreten unter dem Namen *B-Splines* (für Basis-Splines), und sie spielen eine wichtige Rolle in der allgemeinen Theorie der Spline-Approximation. Es gibt dafür in der Literatur verschiedene Festsetzungen; wir wählen hier die folgende:

$$B_0(x) := \begin{cases} 1 & (0 \leq x < 1) \\ 0 & (\text{sonst}) \end{cases},$$

$$B_{n+1}(x) := (B_0 * B_n)(x) = \int_{x-1}^{x} B_n(t)\, dt \qquad (n \geq 0). \tag{1}$$

Die Rechnung liefert zum Beispiel als *kubischen B-Spline* die Funktion

$$B_3(x) = \begin{cases} \frac{1}{6}x^3 & (0 \leq x \leq 1) \\ \frac{2}{3} - 2x + 2x^2 - \frac{1}{2}x^3 & (1 \leq x \leq 2) \\ B_3(4-x) & (2 \leq x \leq 4) \\ 0 & (\text{sonst}) \end{cases}.$$

Bild 6.7 zeigt die Graphen von B_1, B_2 und B_3. Mit vollständiger Induktion läßt sich leicht folgendes beweisen:

$$\operatorname{supp}(B_n) = [0,\, n+1]\,, \qquad \int B_n(x)\, dx = 1 \qquad (n \geq 0)$$

sowie

$$B_n \in C^{n-1}(\mathbb{R}) \qquad (n \geq 1)\,.$$

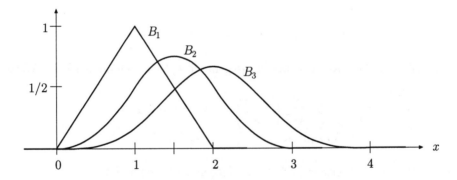

Bild 6.7

Da für alle praktischen Zwecke $B_0 = \phi_{\text{Haar}}$ ist, haben wir (vgl. 5.3.(20))

$$\widehat{B}_0(\xi) = \frac{1}{\sqrt{2\pi}} e^{-i\xi/2} \operatorname{sinc}\left(\frac{\xi}{2}\right).$$

Aus der Rekursionsformel (1) wird mit Hilfe des Faltungssatzes (**2.10**) die Formel

$$\widehat{B}_{n+1}(\xi) = \sqrt{2\pi}\,\widehat{B}_0(\xi)\,\widehat{B}_n(\xi) = e^{-i\xi/2}\operatorname{sinc}\left(\frac{\xi}{2}\right)\widehat{B}_n(\xi),$$

und durch multiplikative Kumulation folgt

$$\widehat{B}_n(\xi) = \frac{1}{\sqrt{2\pi}}\left(e^{-i\xi/2}\operatorname{sinc}\left(\frac{\xi}{2}\right)\right)^{n+1} \qquad (n \geq 0). \tag{2}$$

Dieser Darstellung entnimmt man ohne weiteres

$$\widehat{B}_n(0) = \frac{1}{\sqrt{2\pi}} \quad (n \geq 0), \qquad \widehat{B}_n(\xi) = O\!\left(\frac{1}{|\xi|^{n+1}}\right) \quad (|\xi| \to \infty). \tag{3}$$

Nach dem zu Anfang dieses Abschnitts Gesagten erwarten wir, daß jedes B-Spline B_n einer Skalierungsgleichung genügt. In der Tat gilt

$$e^{-i\xi/2}\operatorname{sinc}\left(\frac{\xi}{2}\right) = e^{-i\xi/2}\frac{2\sin(\xi/4)\cos(\xi/4)}{2\,\xi/4} = e^{-i\xi/4}\cos\frac{\xi}{4}\cdot e^{-i\xi/4}\operatorname{sinc}\left(\frac{\xi}{4}\right)$$

und folglich

$$\widehat{B}_n(\xi) = \left(e^{-i\xi/4}\cos\frac{\xi}{4}\right)^{n+1}\widehat{B}_n\!\left(\frac{\xi}{2}\right).$$

Hiernach ist

$$\widehat{B}_n(\xi) = H_n\!\left(\frac{\xi}{2}\right)\widehat{B}_n\!\left(\frac{\xi}{2}\right) \tag{4}$$

mit

$$H_n(\xi) := \left(e^{-i\xi/2}\cos\frac{\xi}{2}\right)^{n+1} = \left(\frac{1+e^{-i\xi}}{2}\right)^{n+1}. \tag{5}$$

Die zu H_n gehörigen Koeffizienten h_k (eigentlich $h_k^{(n)}$) haben demnach die Werte

$$h_k = \begin{cases} \dfrac{\sqrt{2}}{2^{n+1}}\dbinom{n+1}{k} & (0 \leq k \leq n+1) \\ 0 & (\text{sonst}) \end{cases},$$

und die Skalierungsgleichung erhält im Zeitbereich folgende Form:

$$B_n(x) \equiv \frac{1}{2^n}\sum_{k=0}^{n+1}\binom{n+1}{k}B_n(2x-k) \qquad (x \in \mathbb{R}).$$

Daß die B_n derartigen Identitäten genügen, war der Definition nicht ohne weiteres anzusehen!

6.4 Spline-Wavelets

Um zu prüfen, ob B_n als Skalierungsfunktion taugt, müssen wir nach (5.9) die 2π-periodische Funktion

$$\Phi_n(\xi) := \sum_l |\widehat{B}_n(\xi + 2\pi l)|^2 \qquad (6)$$

untersuchen. Da die angeschriebene Reihe wegen (3) gleichmäßig konvergiert, ist Φ_n eine stetige Funktion (wir werden Φ_n im folgenden sogar explizit ausrechnen). Unter Verwendung von (2) ergibt sich ferner

$$|\widehat{B}_n(\xi)|^2 = \frac{1}{2\pi}\left|\frac{\sin(\xi/2)}{\xi/2}\right|^{2n+2} \geq \frac{1}{2\pi}\left(\frac{2}{\pi}\right)^{2n+2} \qquad (|\xi| \leq \pi) \,;$$

dabei haben wir die Ungleichung

$$\frac{\sin x}{x} \geq \frac{2}{\pi} \qquad (0 < x \leq \tfrac{\pi}{2})$$

benützt. Unter diesen Umständen gibt es (von n abhängige) Zahlen $B \geq A > 0$ mit

$$A \leq \Phi_n(\xi) \leq B \qquad \forall \xi \in \mathbb{R},$$

und Teil (a) von Satz (5.14) erlaubt den folgenden Schluß: Die Translatierten $B_n(\,\cdot\, - k)$ ($k \in \mathbb{Z}$) bilden eine Riesz-Basis des Raumes

$$V_0 := \overline{\mathrm{span}(B_n(\,\cdot\, - k)\,|\,k \in \mathbb{Z})}\,.$$

Den Beweis des folgenden Lemmas verschieben wir auf später.

(6.15) *Es gibt Polynome p_n vom Grad n, so daß folgendes zutrifft:*

$$\Phi_n(\xi) \equiv \frac{1}{2\pi} p_n(\cos \xi) \qquad (n \geq 0)\,.$$

Die p_n lassen sich rekursiv berechnen und besitzen rationale Koeffizienten.

Wir denken uns ein $n \geq 1$ gewählt und festgehalten. Der in Teil (b) von Satz (5.14) beschriebene Orthogonalisierungsprozeß liefert nun die zu diesem n gehörige definitive Skalierungsfunktion ϕ, deren Translatierte $\phi(\,\cdot\, - k)$ ($k \in \mathbb{Z}$) tatsächlich orthonormiert sind:

$$\widehat{\phi}(\xi) := \frac{\widehat{B}_n(\xi)}{\sqrt{2\pi\,\Phi_n(\xi)}} = \frac{\widehat{B}_n(\xi)}{\sqrt{p_n(\cos \xi)}}\,. \qquad (7)$$

Um jetzt das ϕ auch im Zeitbereich zu erhalten, entwickeln wir $1/\sqrt{p_n(\cos \xi)}$ nach Fourier. Aus

$$\frac{1}{\sqrt{p_n(\cos \xi)}} = \sum_k c_k e^{-ik\xi}$$

ergibt sich dann mit Hilfe von Regel (R1):

$$\phi(x) = \sum_k c_k B_n(x - k), \tag{8}$$

wobei die Koeffizienten

$$c_k = c_{-k} = \frac{1}{\pi} \int_0^\pi \frac{\cos(k\xi)}{\sqrt{p_n(\cos \xi)}} \, d\xi \qquad (k \geq 0)$$

leider einzeln numerisch berechnet werden müssen.

Da $1/\sqrt{p_n(\cos \xi)}$ eine reell-analytische 2π-periodische Funktion ist, nehmen die c_k mit $|k| \to \infty$ exponentiell ab: Es gibt ein $\rho < 1$ mit

$$|c_k| \leq C \rho^{|k|} \qquad \forall k,$$

und wegen $\mathrm{supp}(B_n) = [0, n+1]$ folgt hieraus leicht, daß auch $\phi(x)$ mit $|x| \to \infty$ exponentiell abklingt. Der kompakte Träger von B_n ist aber bei dem Orthogonalisierungsprozeß verlorengegangen.

Wir benötigen weiter die modifizierte erzeugende Funktion $H^\#$ und fürs Arbeiten mit dem zu ϕ gehörigen Wavelet ψ die Koeffizienten $h_r^\#$ in der Darstellung

$$H^\#(\xi) = \frac{1}{\sqrt{2}} \sum_r h_r^\# e^{-ir\xi}. \tag{9}$$

Aus (7) ergibt sich wegen (4) zunächst

$$H^\#(\xi) = \frac{\widehat{\phi}(2\xi)}{\widehat{\phi}(\xi)} = \frac{\widehat{B}_n(2\xi)}{\widehat{B}_n(\xi)} \sqrt{\frac{p_n(\cos \xi)}{p_n(\cos(2\xi))}} = H_n(\xi) \sqrt{\frac{p_n(\cos \xi)}{p_n(\cos(2\xi))}}.$$

Mit (5) erhalten wir daher

$$H^\#(\xi) = \left(\frac{1 + e^{-i\xi}}{2}\right)^{n+1} \sqrt{\frac{p_n(\cos \xi)}{p_n(\cos(2\xi))}}, \tag{10}$$

woran sich schon ablesen läßt, daß ψ die Ordnung $n+1$ besitzt. Der Wurzelausdruck rechter Hand ist nun nach Fourier zu entwickeln: Es gilt

$$\sqrt{\frac{p_n(\cos \xi)}{p_n(\cos(2\xi))}} = \sum_k q_k e^{-ik\xi},$$

wobei auch hier die Koeffizienten

$$q_k = q_{-k} = \frac{1}{\pi} \int_0^\pi \sqrt{\frac{p_n(\cos \xi)}{p_n(\cos(2\xi))}} \cos(k\xi) \, d\xi \qquad (k \geq 0) \tag{11}$$

6.4 Spline-Wavelets

numerisch berechnet werden müssen. Der Koeffizientenvergleich zwischen (9) und (10) liefert dann für die $h_r^\#$ die Formel

$$h_r^\# = \frac{\sqrt{2}}{2^{n+1}} \sum_{l=0}^{n+1} \binom{n+1}{l} q_{r-l} \quad (= h_{n+1-r}) \,. \tag{12}$$

Damit können wir endlich das zu dem gewählten n gehörige *Battle-Lemarié-Wavelet* bzw. *Spline-Wavelet* ψ berechnen. Aufgrund von 5.3.(16) und (8) ist

$$\begin{aligned}
\psi(t) &= \sqrt{2} \sum_k (-1)^{k-1} h_{-k-1}^\# \phi(2t - k) \\
&= \sqrt{2} \sum_k \sum_l (-1)^{k-1} h_{-k-1}^\# c_l \, B_n(2t - k - l) \\
&= \sqrt{2} \sum_r \sum_k (-1)^{k-1} h_{-k-1}^\# c_{r-k} \, B_n(2t - r) \,.
\end{aligned}$$

Setzen wir daher zur Abkürzung

$$\sqrt{2} \sum_k (-1)^{k-1} h_{-k-1}^\# c_{r-k} =: b_r \,,$$

so erhalten wir definitiv

$$\psi(t) = \sum_r b_r \, B_n(2t - r) \,,$$

wobei *at runtime* entschieden wird, wieviel Terme konkret berücksichtigt werden müssen.

Nachdem wir so zu einem gewissen Abschluß gelangt sind, holen wir nun den Beweis von Lemma **(6.15)** nach.

⌐ Tragen wir (2) in die Definition (6) von Φ_n ein, so ergibt sich

$$\Phi_n(\xi) = \frac{1}{2\pi} \sin^{2n+2} \frac{\xi}{2} \sum_l \frac{1}{\left(\frac{\xi}{2} + \pi l\right)^{2n+2}} = \frac{1}{2\pi} \sin^{2n+2} \frac{\xi}{2} S_n(\xi)$$

mit

$$S_n(\xi) := \sum_l \frac{1}{\left(\frac{\xi}{2} + \pi l\right)^{2n+2}} \,.$$

Wie man ohne weiteres nachrechnet, gilt

$$S_n(\xi) = \frac{2}{n(2n+1)} S''_{n-1}(\xi) \qquad (n \geq 1),$$

und hieraus folgt für Φ_n die Rekursionsformel

$$\Phi_n(\xi) = \frac{2}{n(2n+1)} \sin^{2n+2}\frac{\xi}{2} \left(\frac{\Phi_{n-1}(\xi)}{\sin^{2n}(\xi/2)}\right)'', \tag{13}$$

die wir nun noch etwas praktikabler machen müssen.

Da die $B_0(\cdot - k)$ $(k \in \mathbb{Z})$ orthonormiert sind, ist $\Phi_0(\xi) \equiv \frac{1}{2\pi}$. Wir führen mit $\cos\xi =: y$ die neue Variable y ein und machen den Ansatz

$$\Phi_n(\xi) = \frac{1}{2\pi} p_n(y); \qquad p_0(y) \equiv 1.$$

Beim Eintrag in (13) haben wir folgende Differentiationsregeln zu beachten:

$$\frac{d}{d\xi} = (-\sin\xi)\frac{d}{dy}, \qquad \frac{d^2}{d\xi^2} = -y\frac{d}{dy} + (1-y^2)\frac{d^2}{dy^2}.$$

Damit ergibt sich anstelle von (13) zunächst

$$p_n(y) = \frac{1}{n(2n+1)}(1-y)^{n+1}\left(-y\left(\frac{p_{n-1}(y)}{(1-y)^n}\right)^{\cdot} + (1-y^2)\left(\frac{p_{n-1}(y)}{(1-y)^n}\right)^{\cdot\cdot}\right), \tag{14}$$

wobei der Punkt ˙ die Ableitung nach y bezeichnet. Man berechnet nacheinander

$$\left(\frac{p_{n-1}(y)}{(1-y)^n}\right)^{\cdot} = \frac{\dot{p}_{n-1}}{(1-y)^n} + n\frac{p_{n-1}}{(1-y)^{n+1}},$$

$$\left(\frac{p_{n-1}(y)}{(1-y)^n}\right)^{\cdot\cdot} = \frac{\ddot{p}_{n-1}}{(1-y)^n} + 2n\frac{\dot{p}_{n-1}}{(1-y)^{n+1}} + n(n+1)\frac{p_{n-1}}{(1-y)^{n+2}},$$

und (14) wird dadurch nennerfrei:

$$p_n(y) = \frac{1}{n(2n+1)}\Big(-y(1-y)\dot{p}_{n-1} - nyp_{n-1}$$

$$+ (1+y)\big((1-y)^2\ddot{p}_{n-1} + 2n(1-y)\dot{p}_{n-1} + n(n+1)p_{n-1}\big)\Big).$$

6.4 Spline-Wavelets

Nach Zusammenfassung gleichartiger Terme erhalten wir folgende definitive Rekursionsformel für die p_n:

$$p_n(y) = \frac{1}{n(2n+1)} \Big(n(n+1+ny) p_{n-1} + (1-y)(2n+(2n-1)y) \dot{p}_{n-1} + (1-y)^2(1+y) \ddot{p}_{n-1} \Big);$$

und es ist leicht einzusehen, daß p_n ein Polynom vom Grad n in y ist. ⌐

Wird die erhaltene Rekursionsformel zum Beispiel an Mathematica® übergeben, so erhält man folgenden Output:

$$p_1(y) = \tfrac{1}{3}(2+y),$$
$$p_2(y) = \tfrac{1}{30}(16+13y+y^2),$$
$$p_3(y) = \tfrac{1}{630}(272+297y+60y^2+y^3),$$
$$\vdots \ ,$$

undsoweiter.

① Für $n = 1$ ergibt sich mit Hilfe von (11) und (12) die folgende Tabelle der $h_r^\#$:

r	$h_r^\# = h_{2-r}^\#$	r	$h_r^\# = h_{2-r}^\#$
1	.8176464014	17	.0000034798
2	.3972970868	18	.0000018656
3	−.0691009838	19	−.0000008823
4	−.0519453464	20	−.0000004712
5	.0169710467	21	.0000002249
6	.0099905948	22	.0000001198
7	−.0038832619	23	−.0000000576
8	−.0022019510	24	−.0000000306
9	.0009233709	25	.0000000148
10	.0005116360	26	.0000000078
11	−.0002242963	27	−.0000000038
12	−.0001226863	28	−.0000000020
13	.0000553563	29	.0000000010
14	.0000300112	30	.0000000005
15	−.0000138188	31	−.0000000003
16	−.0000074444	32	−.0000000001

Die Skalierungsfunktion ϕ und das Battle-Lemarié-Wavelet ψ zu $n = 1$ sind in den Bildern 6.8–9 dargestellt; beide Funktionen sind stückweise linear.

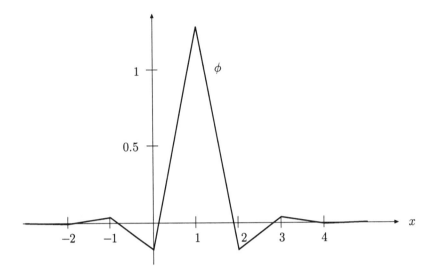

Bild 6.8   Die Battle-Lemarié-Skalierungsfunktion zu $n = 1$

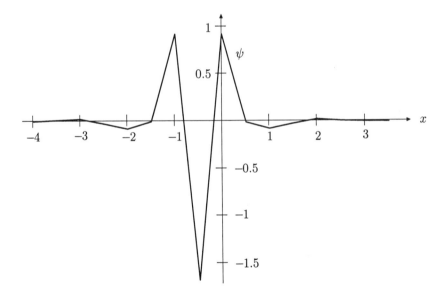

Bild 6.9   Das Battle-Lemarié-Wavelet zu $n = 1$

6.4 Spline-Wavelets

Werden dieselben Rechnungen für $n = 3$ durchgeführt, so findet man, daß die $h_r^\#$ mit $|r| \to \infty$ wesentlich langsamer abklingen als für $n = 1$. Obwohl mit Mathematica® vierzehnstellig gerechnet wurde, geben wir daher im folgenden nur sechsstellige Werte an:

r	$h_r^\# = h_{4-r}^\#$	r	$h_r^\# = h_{4-r}^\#$
2	.766130	17	−.000927
3	.433923	18	.000560
4	−.050202	19	.000462
5	−.110037	20	−.000285
6	.032081	21	−.000232
7	.042068	22	.000146
8	−.017176	23	.000118
9	−.017982	24	−.000075
10	.008685	25	−.000060
11	.008201	26	.000039
12	−.004354	27	.000031
13	−.003882	28	−.000020
14	.002187	29	−.000016
15	.001882	30	.000010
16	−.001104	31	.000008

Die zugehörige Skalierungsfunktion ϕ und das Battle-Lemarié-Wavelet ψ zu $n = 3$ sind in den Bildern 6.10–11 zu sehen.

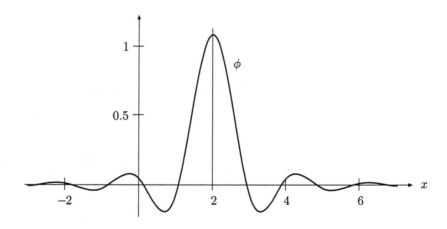

Bild 6.10 Die Battle-Lemarié-Skalierungsfunktion zu $n = 3$

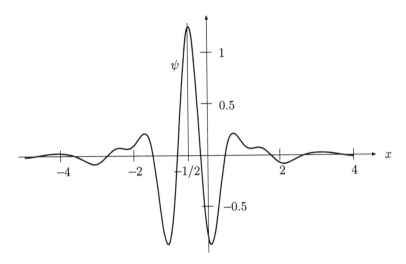

Bild 6.11 Das Battle-Lemarié-Wavelet zu $n = 3$

Literaturverzeichnis

Bücher über Wavelets

[B] John J. Benedetto and Michael W. Frazier eds.: *Wavelets: Mathematics and applications.* CRC Press 1994.

[C] Charles K. Chui: *An introduction to wavelets.* Academic Press 1992.

[C'] Charles K. Chui ed.: *Wavelets. A tutorial in theory and applications.* Academic Press 1992.

[D] Ingrid Daubechies: *Ten lectures on wavelets.* CBMS-NSF Regional Conference Series in Applied Mathematics, SIAM 1992.

[D'] Ingrid Daubechies ed.: *Different perspectives on wavelets.* Proc. Symp. Appl. Math. **47**, Amer. Math. Soc. 1993.

[K] Gerald Kaiser: *A friendly guide to wavelets.* Birkhäuser 1994.

[L] Alfred K. Louis, Peter Maß und Andreas Rieder: *Wavelets, Theorie und Anwendungen.* Teubner 1994.

[M] Yves Meyer: *Ondelettes et opérateurs, I: Ondelettes.* Hermann 1990. Dasselbe englisch: *Wavelets and operators.* Cambridge University Press 1992.

Originalarbeiten und Hintergrundmaterial

[1] Christopher M. Brislawn: *Fingerprints go digital.* AMS Notices **42**(11) (1995), 1278–1283.

[2] Paul L. Butzer and Rolf J. Nessel: *Fourier analysis and approximation. Vol. I: One-dimensional theory.* Birkhäuser 1971.

[3] Ingrid Daubechies: *Orthonormal bases of compactly supported wavelets.* Communications on Pure and Applied Mathematics **41** (1988), 909–996.

[4] Ingrid Daubechies and Jeffrey C. Lagarias: *Two-scale difference equations I. Existence and global regularity of solutions.* SIAM J. Math. Anal. **22** (1991), 1388–1410.

[5] R.E. Edwards: *Fourier series. A modern introduction.* Holt, Rinehart and Winston 1967.

[6] Paul R. Halmos: *Finite-dimensional vector spaces.* D. Van Nostrand Company 1958.

[7] Christopher Heil and David Colella: *Dilation equations and the smoothness of compactly supported wavelets.* [B], 163–201.

[8] Edwin Hewitt and Kenneth A. Ross: *Abstract harmonic analysis, Vol. I and II.* Springer 1963/1970.

[9] J. R. Higgins: *Five short stories about the cardinal series.* Bulletin of the Amer. Math. Soc. (New Series) **12** (1985), 45–89.

[10] Thomas W. Körner: *Fourier analysis.* Cambridge University Press 1988.

[11] Wayne M. Lawton: *Necessary and sufficient conditions for constructing orthonormal wavelet bases.* J. Math. Phys. **32**(1) (1991), 57–61.

[12] Stephane G. Mallat: *Multiresolution approximations and wavelet orthonormal bases of $L^2(\mathbb{R})$.* Trans. Amer. Math. Soc. **315** (1989), 69–87.

[13] Fritz Oberhettinger: *Tabellen zur Fourier-Transformation.* Springer 1957.

[14] David Pollen: *Daubechies' scaling function on $[0,3]$.* [C'], 3–14.

[15] Walter Rudin: *Real and complex analysis, 2nd ed.* McGraw-Hill 1974.

[16] Walter Schempp und Bernd Dreseler: *Einführung in die harmonische Analyse.* Teubner 1980.

[17] Robert S. Strichartz: *How to make wavelets.* Am. Math. Monthly **100**, 539–556.

[18] Robert S. Strichartz: *Construction of orthonormal wavelets.* [B], 23–50.

[19] James S. Walker: *Fourier analysis and wavelet analysis.* AMS Notices **44**(6) (1997), 658–670.

Sachverzeichnis

Abtast-Theorem 47
Abtastrate 49
Adjungierte 80
Aliasing 50
Analyse 2
analysierendes Wavelet 13

B-Spline 165
bandbegrenzt 47
Basisfunktionen 1
Battle-Lemarié-Wavelet 164, 169
beschränkte Variation 29

Cardinal Series 47

Darstellung einer Funktion 1
Daubechies-Wavelets 151
diskrete Fourier-Transformation 6
duales Frame 85
erzeugende Funktion 119

Faltungsprodukt 34
Faltungssatz 35
Fast Fourier Transform 6
Fast Wavelet Transform 15
Fenster-Transformierte 11
Fensterfunktion 10
FFT 6
formale Fourier-Reihe 28
Fourier-Koeffizienten 6, 27
Fourier-Reihe 6, 28
Fourier-Transformierte 8, 31
Frame-Konstanten 82
Frame-Operator 80, 88
Frame 80, 87
FT 8
FWT 15

Gabor-Transformation 11
gefensterte Fourier-Transformation 10
Gram-Matrix 81
Gram-Operator 81
Grundschritt 91

Haar-Wavelet 18
Haarsches Maß 62
Heisenbergsche Unschärferelation 9, 44
Hilbertraum 27

Kardinalreihe 48
Knackpunkt 77
Koeffizientenvektor 2
Konsistenzbedingungen 112
kubischer B-Spline 165

L^1-Theorie 31
L^2-Theorie 8, 31
linksinvariantes Maß 62
lipstetig 74
Lokalisierung 6

Metrik 27
Mexikanerhut 58
Meyer-Wavelet 125
modulierte Gauß-Funktion 59
Moment 74
MSA 106
Multiskalen-Analyse 15, 106
Mutter-Wavelet 13, 54

Norm 26, 35
Nyquist-Frequenz 49
Nyquist-Rate 49

Ordnung eines Wavelets 74

Parameter 94
Parsevalsche Formel 27, 36
periodische Grundfunktionen 5
Plancherel-Formel 36

Regel (R1) 33
— (R2) 33
— (R3) 34
— (R4) 37
— (R5) 38
Regularisierung 34
reine Schwingung 5
reproduzierender Kern 70
Resolution der Identität 69
Riemann-Lebesgue-Lemma 27
Riesz-Basis 88

Sampling Theorem 47
Satz von Carleson 28
Schwartzscher Raum 31
Schwarzsche Ungleichung 36
Separationsaxiom 106
Sinc-Funktion 39
Skalarprodukt 26, 35, 62
Skalenparameter 13
Skalierungsfunktion 106
Skalierungsgleichung 111

Spektralfunktion 8
Spline-Wavelets 164, 169
straffes Frame 82
Synthese 2

totale Variation 29

Umkehrformel 9, 36

Variation 29
Verschiebungsparameter 13
Vollständigkeitsaxiom 106
vollständiges Funktionensystem 6

Wavelet-Transformierte 14, 55
Waveletfunktionen 13
Waveletkoeffizienten 15, 105
Waveletpolynome 20
Wavelet 13, 54
WFT 10
Windowed Fourier Transform 10

Zeitsignal 4, 31
Zoomschritt 15, 91
zuläßiges Wavelet 93
Zählmaß 80